U0573337

一定要知道的尺寸细节

图解装修尺寸

从空间到细节

李 畅 吴晶晶 编著

夏 兵 绘

江苏凤凰美术出版社

图书在版编目（CIP）数据

图解装修尺寸：从空间到细节 / 李畅，吴晶晶编著；
夏兵绘. -- 南京：江苏凤凰美术出版社，2025. 2.
ISBN 978-7-5741-2452-3

Ⅰ. TU767.7-64

中国国家版本馆 CIP 数据核字第 20251AF179 号

出 版 统 筹　王林军
策 划 编 辑　庞　冬
责 任 编 辑　李秋瑶
责任设计编辑　赵　秘
装 帧 设 计　张僅宜
责 任 校 对　唐　凡
责 任 监 印　于　磊

书　　　名	图解装修尺寸　从空间到细节
编　　　著	李　畅　吴晶晶
绘　　者	夏　兵
出 版 发 行	江苏凤凰美术出版社(南京市湖南路1号　邮编：210009)
总 经 销	天津凤凰空间文化传媒有限公司
印　　刷	北京博海升彩色印刷有限公司
开　　本	889 mm×1 194 mm　1/32
印　　张	6
版　　次	2025年2月第1版
印　　次	2025年2月第1次印刷
标 准 书 号	ISBN 978-7-5741-2452-3
定　　价	59.80元

前言

家的舒适度，跟尺寸息息相关。

谁装修谁"抓狂"，尺寸不精准，细节不抠死，就会遇到很多"坑"。在积累了多年的装修经验，收到各平台粉丝的反馈，以及真切感受过装修的崩溃后，我们决定撰写这本《图解装修尺寸 从空间到细节》。本书采用漫画的形式，分空间讲解装修中涉及的尺寸、细节，通过清新明快的画风把复杂、令人头疼的装修简单化、可视化，力求让大家一目了然，一读就懂，轻松运用。

因尺寸"翻车"带来的麻烦，在装修中数不胜数。小到开关、插座的位置，大到全屋定制柜体尺寸、嵌入式家电安装尺寸等，每个尺寸和细节都会影响入住后的舒适度。好在家在见证每位家庭成员成长的同时，也会相应发生改变，因为居住者可以依自己的心意做出调整。

本书共有七章，分别对玄关、厨房、餐厅、客厅、卧室、卫生间和阳台七大空间进行了多角度剖析，旨在让每个空间的布局更合理、功能更加丰富。

本书适合正在装修及准备装修的读者，对已装修完的业主也有一定的帮助，可以修正之前的不足。只要你觉得应该做出改变了，那么本书就可以帮你打造更舒适的家。

装修是一项十分繁琐的工程，总会有不尽如人意的地方。但没关系，家的生命周期很长，一切都来得及。

吴晶晶

2024 年 10 月

目录

1

好好住的家，
从玄关开始

1.1 玄关柜尺寸设计要点

玄关规划的核心是优先考虑鞋柜的位置，其次是鞋柜的结构。如今，鞋柜具备综合收纳的功能，需要容纳鞋子、衣帽、包包、快递包裹，甚至行李箱、婴儿车等物品。玄关地柜通常用来存放鞋子，设计时应根据鞋子的高度来灵活规划内部层板的高度。

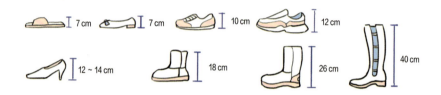

玄关柜上部空间可以收纳生活用品，内部尺寸可以根据房屋的净高自由调节。

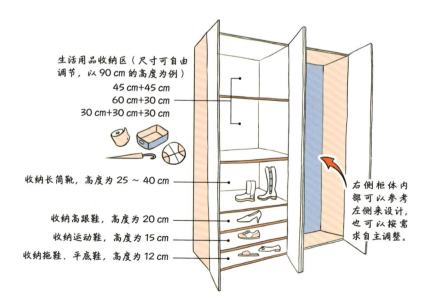

生活用品收纳区（尺寸可自由调节，以 90 cm 的高度为例）
45 cm+45 cm
60 cm+30 cm
30 cm+30 cm+30 cm

收纳长筒靴，高度为 25 ~ 40 cm

收纳高跟鞋，高度为 20 cm

收纳运动鞋，高度为 15 cm

收纳拖鞋、平底鞋，高度为 12 cm

右侧柜体内部可以参考左侧来设计，也可以按需求自主调整。

三款常见的玄关柜

1. 中间镂空三段式

第一款为中间镂空的三段式柜子，也是大多数家庭的首选款式。柜体进深为 **35 cm**，中间镂空高度为 **45 cm**，底部预留 **15 cm**，用于放置日常穿换的鞋子。

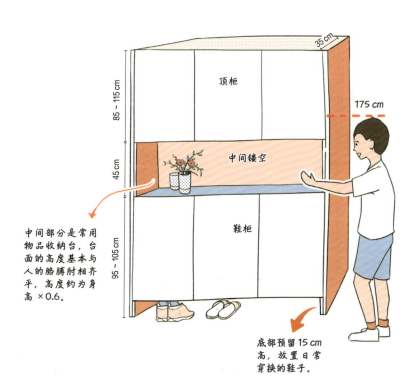

35 cm

顶柜

85 ～ 115 cm

175 cm

中间镂空

45 cm

鞋柜

95 ～ 105 cm

中间部分是常用物品收纳台，台面的高度基本与人的胳膊肘相齐平，高度约为身高 × 0.6。

底部预留 15 cm高，放置日常穿换的鞋子。

2. 换鞋、挂衣组合式

第二款柜子增加了换鞋凳和挂衣区。换鞋凳的舒适高度为 **40 ~ 45 cm**，人坐上去之后，大腿与地面平行，则符合人体工程学。换鞋凳可以做成抽屉式，抽屉的最佳高度为 **25 cm**。挂衣区的高度为 **140 cm**。

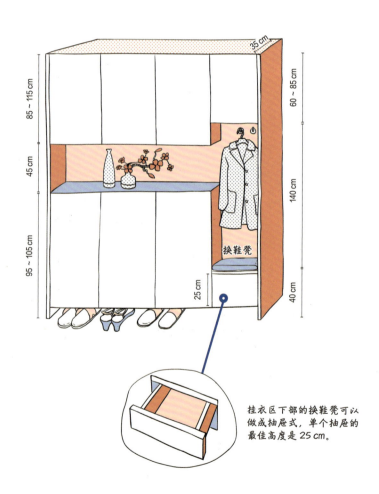

挂衣区下部的换鞋凳可以做成抽屉式，单个抽屉的最佳高度是 25 cm。

3. 高低组合式

第三款柜子中包含一个通顶柜，可充当家政柜，用来收纳无线吸尘器、洗地机等清洁工具，也可以利用洞洞板或挂钩进行收纳。

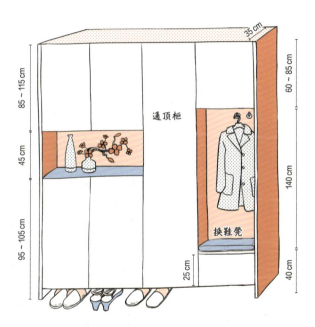

带扫地机器人的玄关柜

决定购入扫地机器人的家庭，在装修前也要考虑为扫地机器人预留一个无底柜，内部隐藏电源和基站。放置扫地机器人的收纳柜高 **60 cm**，收纳柜门板底部应留出 **15 cm** 的空隙，方便扫地机器人进出工作。

款式一

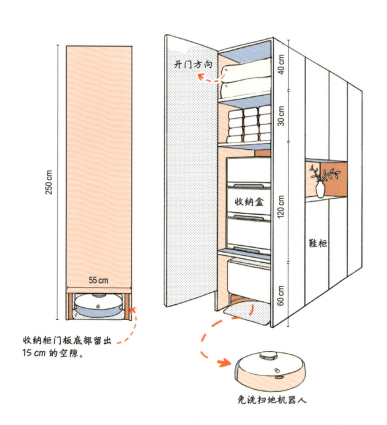

250 cm

55 cm

收纳柜门板底部留出 15 cm 的空隙。

开门方向

40 cm

30 cm

收纳盒

120 cm

鞋柜

60 cm

免洗扫地机器人

款式二

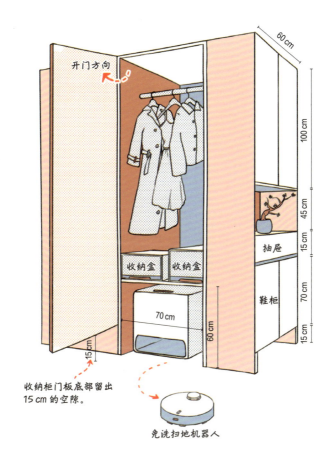

开门方向

60 cm

100 cm

45 cm

15 cm

抽屉

70 cm

鞋柜

15 cm

收纳盒　收纳盒

70 cm

60 cm

15 cm

收纳柜门板底部留出
15 cm 的空隙。

免洗扫地机器人

1.2 玄关适老化设计关键点

玄关适老化设计要特别注意老人换鞋、行走出门时的辅助设计，保障老人可以安全、无障碍地活动。

满足照明需求

玄关顶部使用软膜天花，模拟自然光，光线柔和，不刺眼。

在玄关柜开放格内设置感应灯带，老人靠近时，灯会自动亮起。

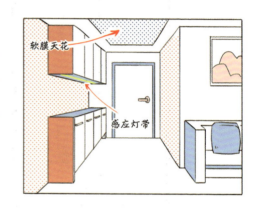

满足视觉需求

鞋柜下方宜预留高度不小于 **30 cm** 的换鞋空间，便于老人换鞋时观察脚下情况。

鞋柜底部预留的高度过矮，阻挡了老人的视线。

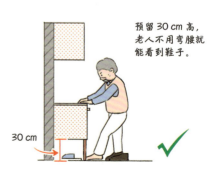

预留30 cm高，老人不用弯腰就能看到鞋子。

30 cm

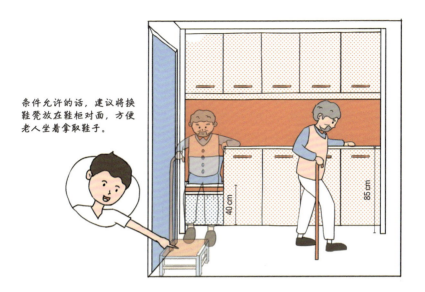

条件允许的话，建议将换鞋凳放在鞋柜对面，方便老人坐着拿取鞋子。

40 cm

85 cm

满足抓握需求

柜门把手首选长杆式把手，既方便老人抓握，又显眼。开放格边缘建议向上凸起，并做成圆弧形，方便老人抓握。

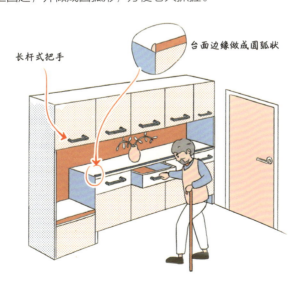

长杆式把手

台面边缘做成圆弧状

玄关开关、插座的安装高度及灯带选择

◎开关

在入口处设计 1 个双开双控开关，距地高度为 130 cm，控制走廊、客厅的光源。

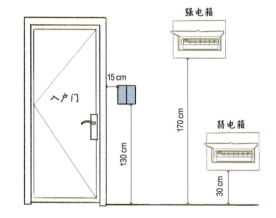

◎插座

预留 2 ～ 3 个插座，其中，台面小物品插座距离台面 20 cm 高，最好是 2 个四孔 10 A 插座；还可以为烘鞋器预留 1 个五孔插座，距地高度为 30 cm。

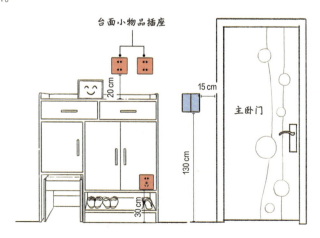

◎选择合适的玄关柜灯带

为了让玄关柜更加实用，可以在柜体中间与底部安装人体感应灯带，通过多光源的照明，提升玄关区域的照明效果，轻松营造归家氛围。不推荐声控开关灯带和触摸开关灯带。

柜体中间的灯带安装在前方，提升氛围感；底部的灯带安装在柜体后方，满足照明需求。

声控开关灯带

接触开关灯带

人体感应灯带

柜体前方，提升氛围感

回到家就有灯光迎接，人一靠近灯就亮

柜体后方，满足照明需求

2
打造高效厨房

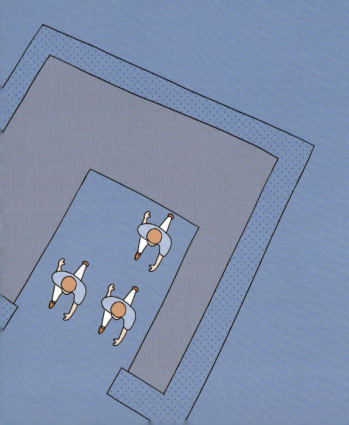

2.1 三步搞定高效厨房

搞定布局

　　厨房常见的布局有四种，分别是 U 形、L 形、I 形和 II 形。选用哪种布局最合适，需要根据厨房的尺寸来决定。就像你需要按照自己的"三围"尺寸，才能买到合适的衣服一样。

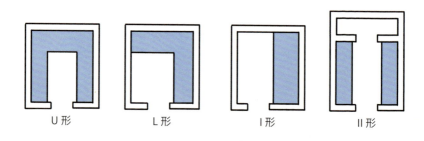

U 形　　　　L 形　　　　I 形　　　　II 形

合适的才是最好的！

胸围
腰围
臀围

200 cm　300 cm

1. 关于布局的"一尺二围"

"二围"是指操作台的进深和中间过道的宽度。

一般厨房操作台的标准进深是 **60 cm**；也有窄台面，最小进深可以做到 **25 cm**。

根据人体工程学原理，一个人在厨房时，舒适的过道宽度至少为 **80 cm**；双人在厨房时，舒适的过道宽度为 **120 cm**。

"一尺"指的是操作台的进深 + 中间过道的宽度，即厨房开门位置所在的整面墙的尺寸。"一尺"是固定的，开发商盖房子时就确定好了。当然，如果你对这个尺寸不满意，也可以后期改造。

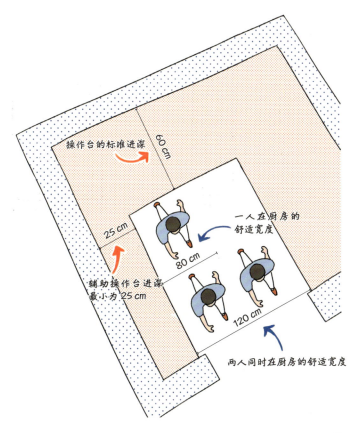

操作台的标准进深 60 cm

辅助操作台进深最小为 25 cm

一人在厨房的舒适宽度 80 cm

两人同时在厨房的舒适宽度 120 cm

确定厨房的基本布局之前，首先要看"一尺"。

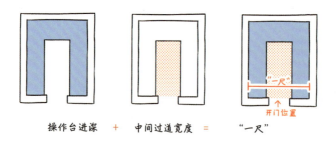

操作台进深　＋　中间过道宽度　＝　"一尺"

2.厨房布局大揭秘

（1）S号

"一尺"：若其尺寸小于165 cm，适合做I形或L形布局。

"二围"：操作台进深为60 cm，过道宽度在80～105 cm之间。

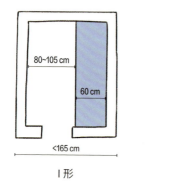

I形

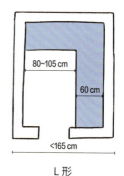

L形

（2）M号

①"一尺"：若其尺寸大于等于165 cm且小于等于200 cm，适合L形布局，因为过道宽度可大于100 cm。如果是两侧开门，则首选有副操作台的II形布局。

L形布局"二围"：操作台进深为60 cm,过道宽度为105～120 cm。

II形布局"二围"：主操作台进深为60 cm，副操作台进深为25～60 cm，过道宽度在80～95 cm。

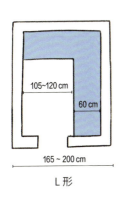

L 形

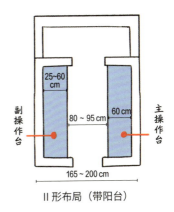

II 形布局（带阳台）

② "一尺"：若其尺寸大于 200 cm 且小于 240 cm，除了做 L 形布局，还可以做紧凑的 U 形布局。

"二围"：U 形布局操作台进深为 60 cm，紧凑型过道宽 80 cm；或者宽松型过道宽 120 cm，但有一侧操作台进深只能做到 25 ～ 50 cm。

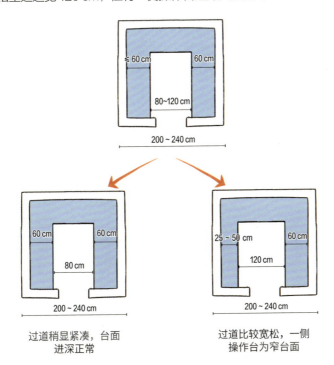

过道稍显紧凑，台面进深正常

过道比较宽松，一侧操作台为窄台面

（3）L 号

"一尺"：若其尺寸不小于 240 cm，则是典型的面宽型厨房尺寸，适合做 U 形布局，能让空间利用率最大化。

"二围"：操作台进深为 60 cm，过道宽度大于等于 120 cm。

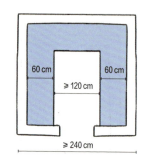

3. 具体案例分析

某厨房长 360 cm，宽 210 cm，是典型的长方形厨房。"一尺"等于 210 cm，属于 M 号厨房中的第二种情况，既可以做宽松的 L 形厨房，又能做紧凑的 U 形厨房。具体选哪个，需要结合业主的需求。

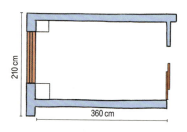

业主的厨房需求清单

a. 妻子爱买餐具，要求有大量的收纳空间。

b. 厨房小电器比较多，希望有放置的空间。

c. 有放嵌入式洗碗机和嵌入式蒸烤一体机的位置。

d. 需要做全屋净水系统。

e. 平时两个人一起下厨的情况较多。

业主既希望有充足的收纳空间，又想保留洗碗机和蒸烤箱的位置，U形布局有三面可以做柜体，因此更能满足业主的需求。

L形厨房

U形厨房

因为平时两个人一起下厨的情况较多，所以过道尽量留宽点，只能压缩一侧辅助台面的进深——做 50 cm。

稍窄的台面用来放小电器，作为备菜的辅助台面。

辅助台面进深为 50 cm

小电器

4. 岛型厨房

岛型厨房是在常规布局之外，再加一个单独的"岛"。"岛"的形式有两种，一种是中岛式厨房，"岛"独立于操作台，有 U 形中岛和 L 形中岛。

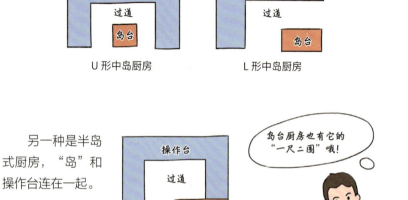

另一种是半岛式厨房，"岛"和操作台连在一起。

这里的"二围"指岛台长度和厨房入口宽度。若中岛岛台长度不小于 80 cm，则可以做一个水槽。半岛岛台长度建议不小于 100 cm，这样可以兼顾站在内侧使用岛台的人。

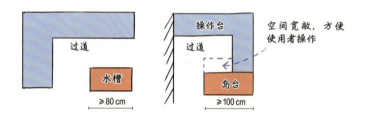

厨房入口宽度：无论是中岛还是半岛均应确保过道宽度不小于 80 cm，宽度达到 95 cm 最舒适。

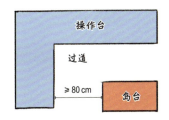

"一尺"是指岛台长边方向所在的厨房尺寸。如果是 U 形中岛，那么"一尺"应大于 360 cm。

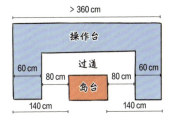

L 形中岛式布局，"一尺"应大于 220 cm。

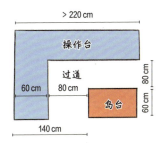

半岛式布局，"一尺"应大于 180 cm。

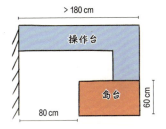

搞定动线

好用的动线需要同时具备两个条件：一是动线无交叉，无折返；二是省时省力。

早在 1950 年，美国康奈尔大学提出了一个"黄金三角"布局原则，即灶台区、备菜区和水槽区三个常用区域，应组成方便合理的三角动线，而且每两个区域之间的距离应小于 90 cm。

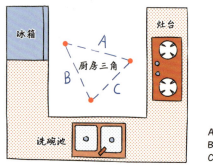

A < 90 cm
B < 90 cm
C < 90 cm

经过实际测算，这样的黄金三角布局约减少 60% 的往返路程，大大提升了烹饪的效率，这也是 U 形厨房更好用的逻辑内核。下面来看看我们的厨房劳作过程：

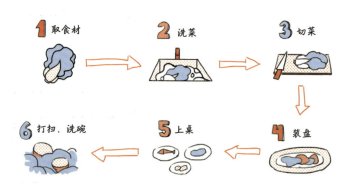

好用的厨房动线是在最短的路径中完成上述一系列步骤，秘诀是按照做饭的顺序来安排。从进厨房门到走出厨房的次序是：冰箱、水槽区、备菜区、灶具区、盛菜区。

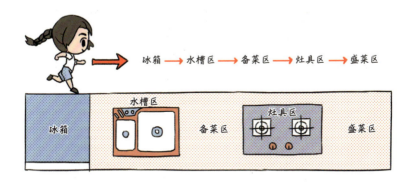

因此 U 形布局应这样安排：

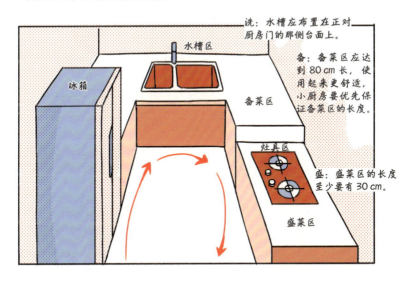

洗：水槽应布置在正对厨房门的那侧台面上。

备：备菜区应达到 80 cm 长，使用起来更舒适，小厨房要优先保证备菜区的长度。

盛：盛菜区的长度至少要有 30 cm。

从进入厨房，到把做好的饭端上餐桌，只有一条动线。同理，其他三种布局的厨房动线也应该是：取、洗、备、炒、盛。

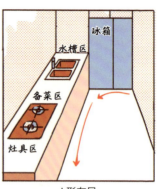

I 形布局

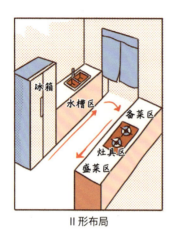

II 形布局

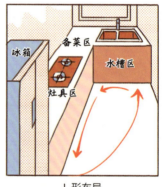

L 形布局

搞定尺寸

　　过去人们做整体橱柜时，大多是橱柜师傅做什么就用什么。比如我家十几年前装修时，父母精心挑选了橱柜台面、柜体板材，关于尺寸，他们摆摆手说："卖橱柜的都知道做多少，不用操心。"完全没有意识到尺寸是否合适。

　　以前都是"人被动适应家"。灶台太高，那就垫个踏板或方砖；洗碗池太低，那就洗快一点，少受"罪"。为了打造好用的厨房，我们要从源头解决问题。从细抠尺寸开始，不放过一厘米，让家服务于我们。

需要垫高

台面低，腰酸背痛

操作台高度是重头戏，只有高度合适，厨房用起来才会更加舒服。推荐大家做**高低台面**。关于高度，有两种计算方法。

1. 身高测量法（单位 cm）

高台面高度 = 身高 ÷ 2 + 5

低台面高度 = 高台面高度 − 10

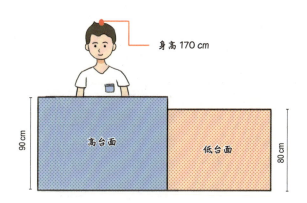

身高 170 cm

90 cm　高台面　低台面　80 cm

2. 肘高测量法 （单位 cm）

高台面高度＝手肘与地面水平时手肘的离地高度－操作高度（10～15 cm）

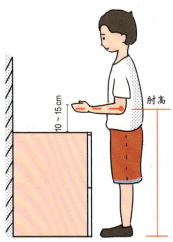

因此，高度舒适的厨房操作台是这样的：水槽区和备菜区在高台面，灶台区和装盘区在低台面。如果只能做一个高度，那么我建议**以高台面高度为准**。毕竟在厨房切菜、洗菜、洗碗的总时间要比炒菜的时间长。

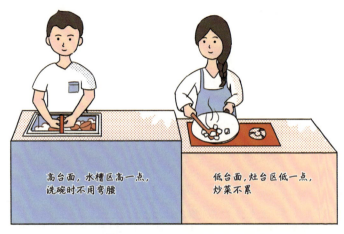

高台面，水槽区高一点，洗碗时不用弯腰

低台面，灶台区低一点，炒菜不累

2.2 你家的吊柜真的好用吗？

　　还记得美国知名电视剧《老友记》里莫妮卡家的蓝色厨房吗？虽然看着很杂乱，但它一直是我心目中最好的厨房。不仅仅是因为这部剧承载了我的许多回忆，更重要的是这个厨房有不少好用之处，其设计也值得我们局部借鉴。

　　现在让我们来看一下莫妮卡家的厨房。

吊柜进深比较浅，大概只有30 cm，小到调味瓶，大到盘子、食品包装盒都能放下。

吊柜进深——33 cm

目前，橱柜厂家制作的吊柜标准进深在 30 ~ 35 cm（不含柜门）。

30 ~ 35 cm（不含柜门）

30 cm

包不住
抽油烟机

30 cm 的深度确实比较实用，但如果想把抽油烟机包进橱柜里，这个深度远远不够。我推荐 33 cm 深 （不含柜门）。

为什么深度是 33 cm?

33?

现在流行一款带把手的收纳盒，专门用于高层收纳，只需要伸手够把手就能把盒子拿下来。

刚刚好

没错！我对比了市面上大部分收纳产品，发现大号收纳盒有三种进深：31.5 cm、32 cm 和 33 cm。放入吊柜刚刚好，把手位于搁板外侧，拿取方便。关键是这个尺寸还能容纳下破壁机、绞肉机等。

的确很方便，难道吊柜的进深是根据收纳盒的尺寸来定的?

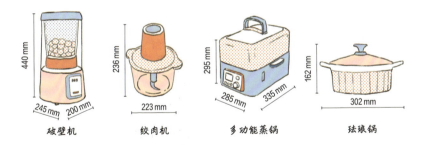

破壁机　　　　绞肉机　　　　多功能蒸锅　　　　珐琅锅

吊柜高度不能"一刀切"

很多人都不重视吊柜高度，以为不会出问题，并且为了追求美观效果，通常将吊柜底部与抽油烟机底部齐平，尤其是顶吸式抽油烟机。

抽油烟机底部高度

不推荐这种 "一刀切" 的做法。大部分顶吸式抽油烟机的最佳安装高度是距离灶台 70 ～ 80 cm。一般安装师傅默认的高度为 75 cm。

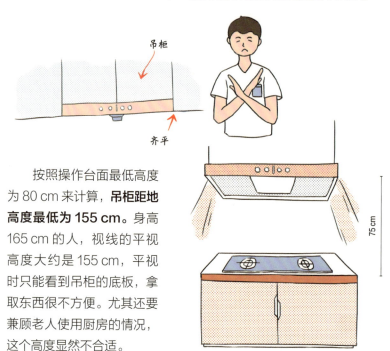

按照操作台面最低高度为 80 cm 来计算，**吊柜距地高度最低为 155 cm**。身高 165 cm 的人，视线的平视高度大约是 155 cm，平视时只能看到吊柜的底板，拿取东西很不方便。尤其还要兼顾老人使用厨房的情况，这个高度显然不合适。

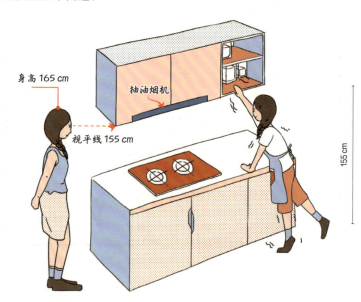

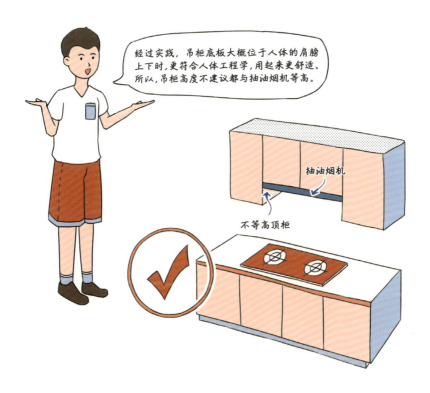

经过实践，吊柜底板大概位于人体的肩膀上下时，更符合人体工程学，用起来更舒适。所以，吊柜高度不建议都与抽油烟机等高。

抽油烟机

不等高顶柜

推荐做不等高的吊柜。除灶具区的柜体外，其他位置的吊柜底部距离操作台的高度为 **45 ~ 50 cm**。

注意：吊柜底部距地高度应依据地柜操作台面的高度而定。按照台面最低为 80 cm 的高度计算，吊柜距地高度至少为 125 cm。

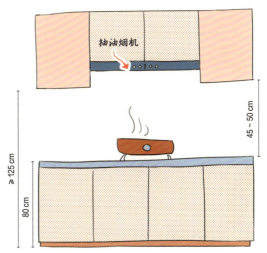

抽油烟机

45 ~ 50 cm

≥ 125 cm

80 cm

身高 160 cm 的人站在这里，吊柜底板正好在肩膀的位置，眼睛可以看到第一层内部，抬手拿第二层的收纳盒，稍稍踮个脚就行，轻松便捷。这样既兼顾了下厨者的身高，又保证了抽油烟机的吸烟效果。吊柜底部安装照明灯带，不显压抑。柜体进深 33 cm，不用担心做饭时碰到头。

抽油烟机

视线位置

归置顺手的调味品区

为了方便做饭，一般我们都会在靠近灶台区的位置设置一个用起来顺手的调味品区。很多人都是入住之后再去单独购买置物架。莫妮卡家是这样设计的：从吊柜底部向左延伸出一排置物架，位于灶台正上方。

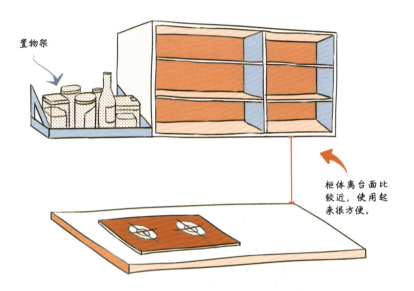

置物架

柜体离台面比较近，使用起来很方便。

　　与其后期再单独购买厨房台面置物架，不如在设计橱柜时就把储物区预留出来。可以借鉴莫妮卡家的做法，同时转变思路，**将抽油烟机两侧吊柜的部分区域做成开放式的。**

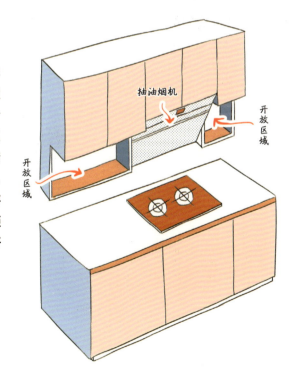

抽油烟机

开放区域

开放区域

调味瓶放置区的适宜尺寸是高 35 cm、进深 20 cm（不含柜体和背板）。这一尺寸可以收纳市面上大部分尺寸的杯子、瓶子和罐子。

进深比上面封闭的柜体浅，上下两部分形成了一个类似楼梯台阶的结构，可以称之为**阶梯式吊柜**。

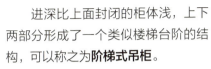

但是不建议做一整排，厨房多油污，全开放的话，顺手清洁就变成"大扫除"啦！

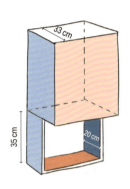

应对策略是做2.0阶梯式吊柜。

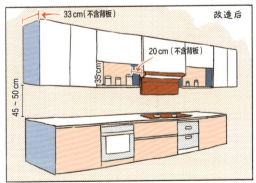

斜面吊柜

　　最近我留意到一款"网红"餐边柜，其顶部的收纳空间是斜面设计，上窄下宽，柜门采用两扇推拉式雾面玻璃，在灯光的衬托下，气质更显复古。不由让我想起了姥姥家淘汰下来的碗柜。

　　转念一想，厨房吊柜也可以做成斜面。斜面吊柜有三个比较突出的优点：**方便取物、不易碰头、收纳空间大。**

斜面吊柜

时尚可真是一个轮回！

1. 方便取物

直角平面柜底部距离操作台是 45 ~ 50 cm，斜面吊柜距操作台面则可以做到 **30 cm**，更容易拿取柜子里的物品，小个子的人也不用踮脚。斜面吊柜使用率比直角柜要高很多。

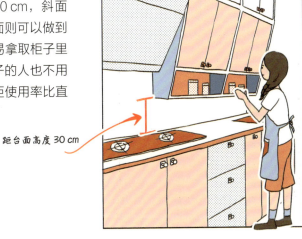

距台面高度 30 cm

2. 不易碰头

柜体做倾斜设计，进深越往下越窄，最窄处可以做到 **20 cm**。只要倾斜角度合适，个子高的人也不用担心磕到头。

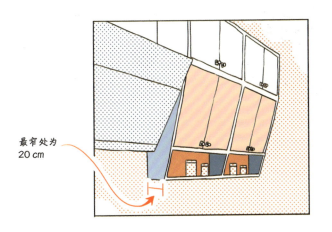

最窄处为 20 cm

3. 收纳空间大

斜面吊柜比直角柜多利用了 30% 的墙面垂直空间，收纳空间明显增加了。

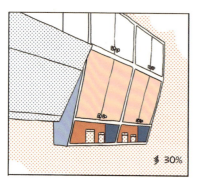

多 30%

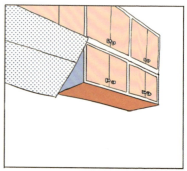

缺点是不好做。现在橱柜定制的样式都有固定标准：直角、方方正正。斜面柜是非标准定制。很多商家不愿意做，并不是做不了，而是因为斜面吊柜对组装和固定的要求较高，五金件也需要单独配置，容易出现质量问题，投入的时间成本、人工成本和后期的服务成本都比较高，所以商家不愿意接，即便接了，价格也很贵。

建议找能支持个性化的全屋定制品牌，或者找木工现场打造。

2.3 你不知道的地柜收纳细节

橱柜转角设计

　　转角是厨房收纳最大的痛点，也是不能被轻易舍弃的空间，特别是对刚需型厨房而言。

乍一看，似乎一切都正常，但是把转角处的门打开，就会发现问题：**洞口窄小，拿取物品不方便，最里头的空间容易闲置。**

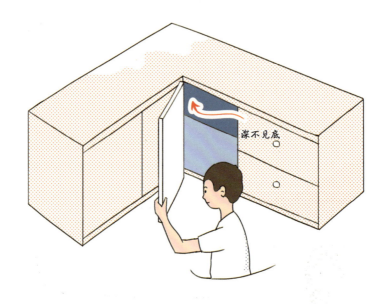

就像我们小时候用的猪猪存钱罐，平时只能存钱，不能取钱。存满之后想取钱，只能把它往地上一摔，才能拿出里面的钱。

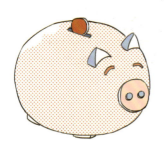

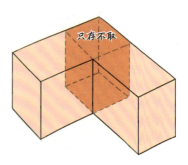

其实只要稍微改变转角处的开门方式，使用165°铰链，不合理就会变合理了。有两种开门形式：双开门和联动门。

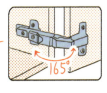

165°

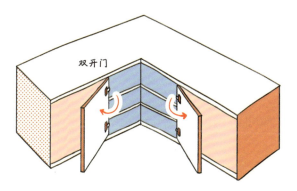

双开门

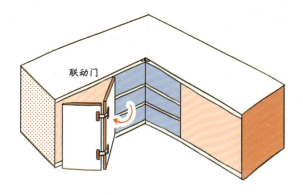

联动门

转角柜内部可以设置高物收纳区和低物收纳区，空间利用更充分。

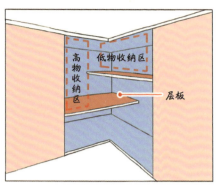

全部都能装进去！

再看两个转角设计方案。

1. 转角镂空柜

顾名思义，就是在转角处预留出部分空间，**不做柜体**，把最里面的转角露出来。

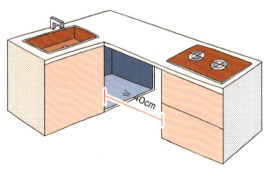

≥40cm

强烈推荐

优点：
①方便拿取转角处的物品，空间利用率高。
②收纳力超强。
③造价低，省去部分柜体、门板和转角拉篮的费用。

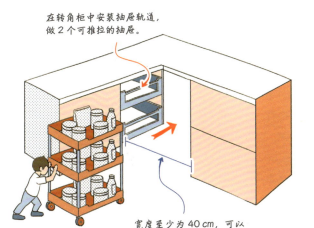

在转角柜中安装抽屉轨道，做 2 个可推拉的抽屉。

宽度至少为 40 cm，可以放置 1 个三层小推车。

还有一种更简单的收纳方案——直接买 2 个小推车，在转角处和留空区各放 1 个，可省去买轨道和抽屉组件的费用。

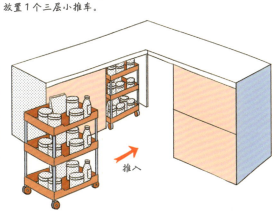

推入

2. 钻石形转角柜

转角柜的柜门是斜开的，转角处的操作台为钻石形。优点是操作台使用面积更大，对小厨房友好。缺点是价格贵，钻石形属于非标定制，价格约为正常柜子的 1.5 倍。

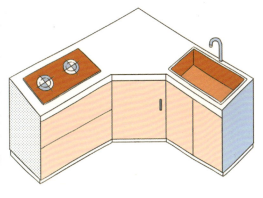

选抽屉还是拉篮？

拉篮是橱柜的辅助工具，可以让橱柜收纳空间利用得更加合理。来看一下拉篮的特点，首先，拉篮每一格的尺寸是固定的，对所放碗碟的尺寸要求极高。

放不下，只能平躺——盘子的厚度大于4cm，碗的厚度大于6cm。

>4cm ▭   >6cm ◡

刚好能放下——盘子的厚度小于等于4cm，碗的厚度小于等于6cm。

≤4cm ▭   ≤6cm ◡

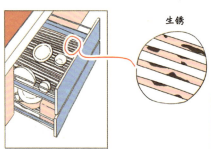

生锈

其次，拉篮还很容易生锈。**因此建议厨房地柜收纳用抽屉。**

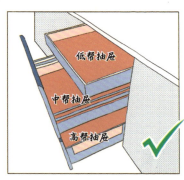

低帮抽屉

中帮抽屉

高帮抽屉

　　根据不同的收纳功能和位置,我把抽屉收纳分成了碗盘抽屉、调味瓶抽屉和杂物抽屉。

1. 碗盘抽屉

　　第一层：收纳汤勺、筷子、餐刀、削皮刀、封口夹等。外高至少 11 cm，内高至少 8 cm。

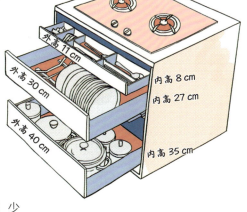

　　第二层：外高至少 30 cm，内高至少 27 cm，能直立收纳 8 寸的大盘子。

　　第三层：外高至少 40 cm，内高至少 35 cm，锅具都可以竖起来码放，方便拿取。

2. 调味瓶抽屉

第一层放常用的厨房工具，高度不小于 11 cm。

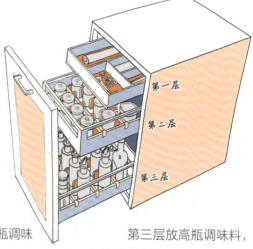

第二层放调料盒、矮瓶调味料，高度不小于 30 cm。

第三层放高瓶调味料，高度不小于 35 cm。

一定要使用三层分开式抽屉。避免使用三层固定的抽屉，不然只能蹲下来从侧面拿取下面两层的物品，十分不方便。

3. 杂物抽屉

第一层放米桶，第二层收纳五谷杂粮，高度均不小于 35 cm。

现在市面上有一种米箱抽屉，只需要留出 15 cm 宽的空间，就可以安装。

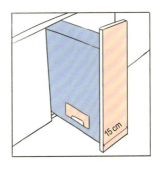

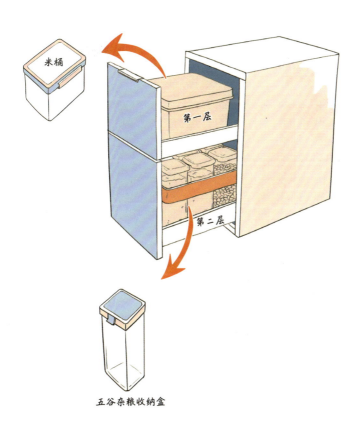

五谷杂粮收纳盒

双槽尺寸和水槽外延尺寸

◎双槽尺寸

大家都说双槽不好用，那一定是你买得水槽不够大。双槽的最小尺寸为 48 cm×82 cm。

你家厨房到底适不适合做大双槽，要看具体尺寸。操作台长度小于 200 cm，建议选择大单槽（长度达到 70 cm，更好用）；操作台长度大于 200 cm，可以选择大双槽。

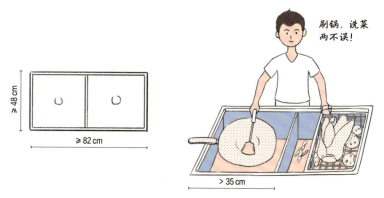

刷锅、洗菜两不误！

≥48 cm

≥82 cm

> 35 cm

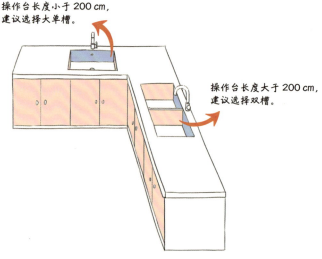

操作台长度小于 200 cm，建议选择大单槽。

操作台长度大于 200 cm，建议选择双槽。

◎水槽外延尺寸

水槽外延尺寸一般需要预留 7 ~ 9 cm，距离太远，容易使人腰酸背疼。具体来说，台上盆水槽外延尺寸为 7 cm，台下盆水槽外延需预留 9 cm（固定螺钉需要预留 2 cm 的宽度）。

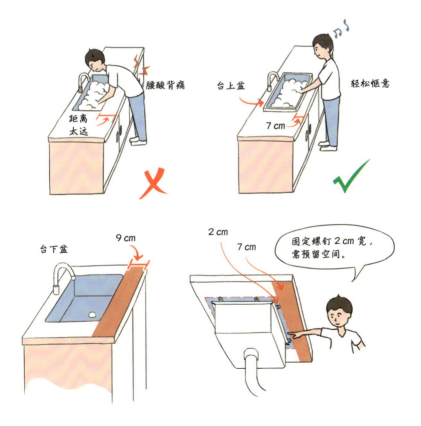

腰酸背痛

距离太远

台上盆　轻松惬意

7 cm

台下盆　9 cm

2 cm

7 cm

固定螺钉 2 cm 宽，需预留空间。

2.4 厨房里被严重低估的 "8 cm"

对于经常在家做饭的业主来说，总觉得厨房不够用。台面上总是满满当当的，一挥手瓶瓶罐罐倒下一片。其实，只要有一处不小于 8 cm 的空间，比如厨房门后、冰箱侧面、洗碗机上方等，就能轻松解决收纳问题。

如果深度不够，还可以开发横向和纵向空间，增加收纳空间。

打造超薄门后柜

厨房门后是约定俗成的鸡肋空间，一方面感觉放什么都放不下，另一方面又觉得空着有些浪费。可以利用门垛后面的空间，做进深为 **8 ~ 10 cm** 的超薄收纳柜，不做背板和柜门，最大限度节省空间。

根据物品的高度设置层板间距，比如 500 ml 的生抽，瓶身高 25 cm，层板间距设为 28 cm 比较合适。生抽瓶底部的直径为 6 cm，柜子的深度设为 8 ~ 10 cm，不用担心瓶子掉落，而且节省空间。

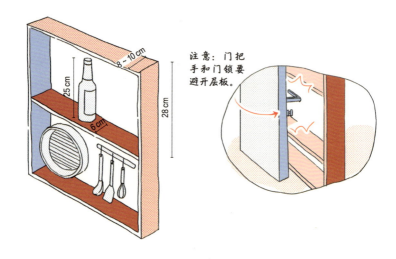

注意：门把手和门锁要避开层板。

巧用冰箱侧面的空间

装修处处都是"坑"，比如做嵌入式冰箱时，经验不足的话，预留的尺寸往往没那么完美。把冰箱放进去，还会余出 15 ~ 20 cm 的空隙。

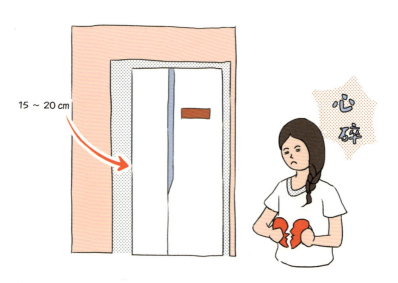

注：嵌入式冰箱一般为底部散热，两侧不用预留散热空间。

这时去换冰箱、改橱柜往往都不现实。若在冰箱侧面做收纳，15 ~ 20 cm 的宽度，过窄过深，不方便拿取。建议直接购买尺寸合适的拉篮，也可以定制。拉篮面板的颜色最好与冰箱面板或橱柜面板相似，这样更美观。

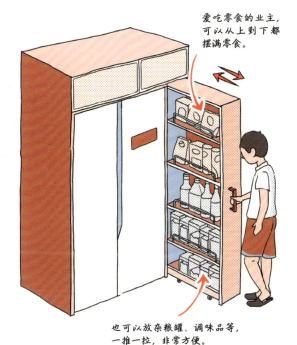

爱吃零食的业主，可以从上到下都摆满零食。

也可以放杂粮罐、调味品等，一推一拉，非常方便。

如果你家用的是普通冰箱，就要用到另一种收纳方法。普通冰箱是两侧散热的，为了不影响散热效果，两侧要各预留 8 cm 左右。那么要如何完美利用这 16 cm 的空间，还不影响冰箱散热呢？

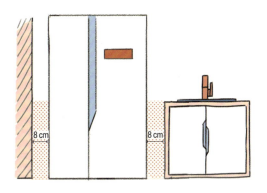

8 cm 8 cm

按照"取—洗—备—烧—盛"的动线原则。冰箱靠近水槽的一侧用多功能磁吸收纳架，收纳保鲜膜、保鲜袋、果蔬清洗剂、削皮刀等。

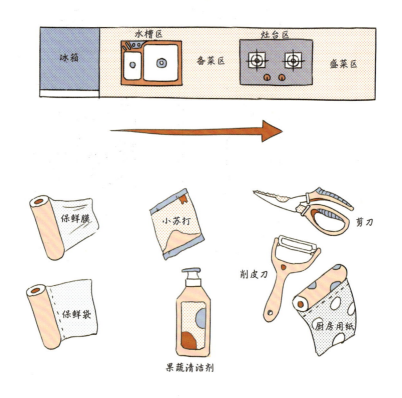

保鲜膜

保鲜袋

小苏打

剪刀

削皮刀

厨房用纸

果蔬清洁剂

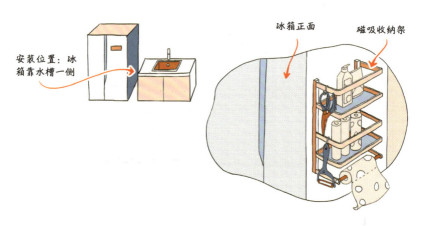

安装位置：冰箱靠水槽一侧

冰箱正面

磁吸收纳架

在冰箱的另一侧，同样可以放置磁吸收纳架，收纳磁吸秤、计时器、保鲜膜切割器等。开放式收纳，且只占用冰箱侧面的一部分空间，不影响冰箱散热。

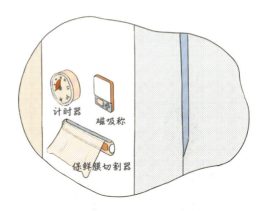

计时器

磁吸称

保鲜膜切割器

在洗碗机上方做个薄抽屉

洗碗机是解放双手的必备工具，但洗碗机安装不合理的话，容易造成空间浪费。

洗碗机怎么会造成空间浪费呢？

其实不是洗碗机浪费空间，而是安装洗碗机后，其上方会留出5~10 cm的空隙。

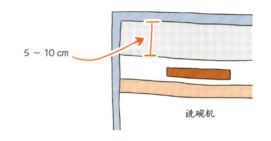

5~10 cm

洗碗机

为了美观，设计师通常会做个挡板封上，白白浪费了空间。

正常不就应该是这样吗？

不是的，完全可以在这里做个薄抽屉，放勺子、筷子、剪刀、削皮刀等小物件。

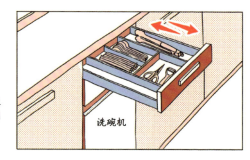

测量好高度和长度，确定好材质，直接网上购买。如果没有合适的尺寸，那么可以找厂家定制。

注：抽屉的长度和高度不要卡得太死，最好预留 0.5～1cm 的误差空间。也可以在设计阶段就让厂家在洗碗机上方做个薄抽屉。

试试烟道双面柜

有一个地方大家会觉得看着很别扭，但很少有人想过如何利用收纳设计去调整，那就是——烟道。它像一根方柱，直直地杵在厨房的一角。

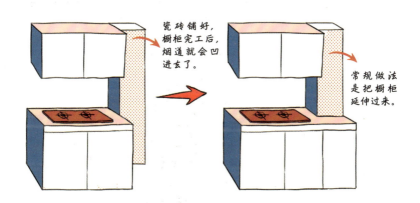

瓷砖铺好，橱柜完工后，烟道就会凹进去了。

常规做法是把橱柜延伸过来。

这样做看起来很完美，但实际上多出的台面部分类似刀把，转角处非常脆弱。

"刀把"

最重要的是，定制橱柜一般是按延米计价的，即按展开长度计价。这十几厘米深的柜子，跟旁边 60 cm 深的价格相同，收纳空间却只有它的 1/5。

真的亏死了，亏死了。

造价相等

如何在控制成本的同时，增加收纳空间呢？贴上洞洞板，让厨具上墙？烟道是空心的，并不承重，不能挂太多东西。建议利用这个空间，设计一个**落地超薄高柜**，收纳厨房用品。

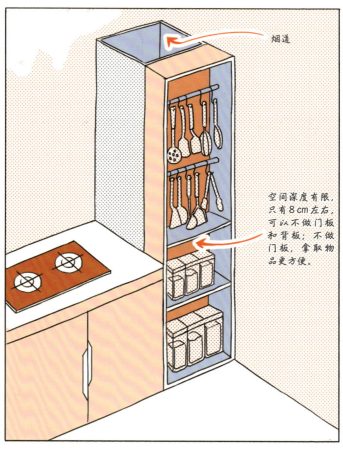

烟道

空间深度有限，只有8 cm左右，可以不做门板和背板；不做门板，拿取物品更方便。

在南方地区，柜体不做背板，容易潮湿，可以贴一张防潮膜。

收纳空间还不够的话，可以在烟道旁侧再做一个开放式小收纳柜，放调味品和刀具等，让物品上墙，保持台面整洁。

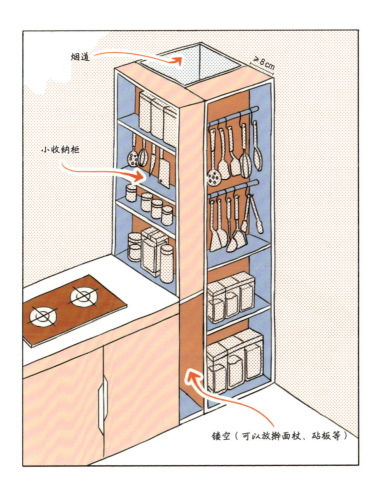

烟道

≥8cm

小收纳柜

镂空（可以放擀面杖、砧板等）

厨房的插座设计

厨房是家居空间中使用插座最多的地方，至少需要 10 个，其中冰箱插座高 50 cm；为电饭煲等小厨电配备三四个带开关的五孔插座，距离台面的高度为 30 cm；在水槽周围为净水器、小厨宝等配备 2 个五孔插座，距地高度为 50 cm；同时需要为抽油烟机预留 1 个插座，距地高度为 200 cm。

除了以上插座，还可以为饮水机、电磁炉等小家电预留两三个插座。如果燃气热水器在厨房，也需预留插座，距地高度为 220 cm。

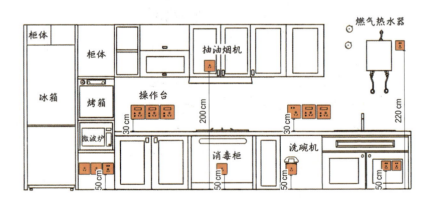

2.5 嵌入式电器的安装尺寸

嵌入式洗碗机的预留尺寸和安装

1. 嵌入式洗碗机的安装位置

洗碗机一般安装在水槽两侧，既可以和水槽在同侧，又可以和水槽不在同侧。洗碗机和水槽在同侧，家务动线更高效，可以先清理食物残渣，再把碗碟放进洗碗机里，动线连贯。

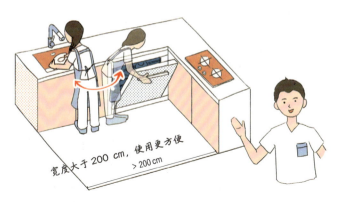

宽度大于200 cm，使用更方便
> 200 cm

洗碗机和水槽不在同侧，过道宽度应**不小于 90 cm**。

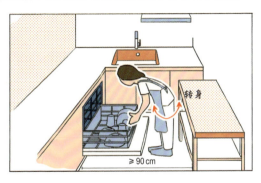

转身

≥ 90 cm

如果过道宽度不足 90 cm，那么洗碗机与水槽之间应至少留出 **40 cm** 的距离，这样人在水槽边洗碗的时候，洗碗机可以正常工作。

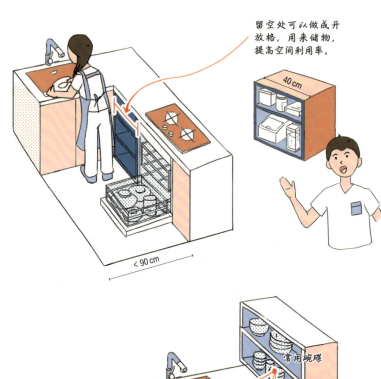

留空处可以做成开放格，用来储物，提高空间利用率。

或者利用垂直空间，做成"黄金三角"布局，适合厨房面积小于 4 m² 的情况。

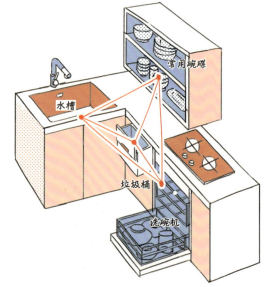

2. 嵌入式洗碗机的安装注意事项

嵌入式洗碗机的水电管线需预留在旁边的水槽柜里。电源一般是 10 A 的，距地高度为 **50 cm**。进水管和排水管可以跟水槽共用，要接三通。需要注意的是，线路预留孔位要贴地打孔。

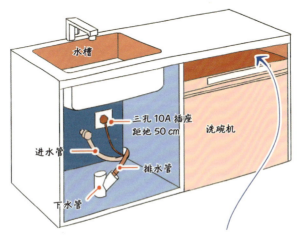

装完洗碗机，通常上面会留有高约 10 cm 的空间，可以利用这个空间做一个薄抽屉，用于放置小物件。

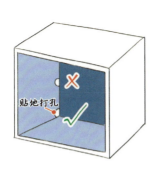

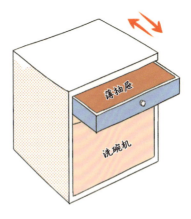

嵌入式蒸烤箱的尺寸预留和安装

1. 嵌入式蒸烤箱的尺寸预留

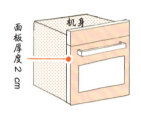

嵌入式蒸烤箱有全嵌入式（面板与柜体表面齐平）和半嵌入式（面板凸出柜体）两种安装方式，安装时不能忽视蒸烤箱的面板厚度——2 cm。

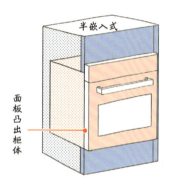 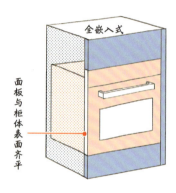

嵌入式蒸烤箱的尺寸预留如下：

橱柜深度＝蒸烤箱嵌入柜体的深度 +1 cm。

其中，半嵌入式蒸烤箱嵌入柜体的深度等于机身深度，全嵌入式蒸烤箱嵌入柜体的深度等于蒸烤箱深度。

橱柜高度 / 宽度＝蒸烤箱嵌入柜体的高度 / 宽度 +5 mm。

其中，半嵌入式蒸烤箱嵌入柜体的高度 / 宽度等于机身的高度 / 宽度，全嵌入式蒸烤箱嵌入柜体的高度 / 宽度等于机身的高度 / 宽度 + 面板厚度。

比如某品牌的蒸烤箱深度为 565 mm，其中面板厚度为 20 mm。

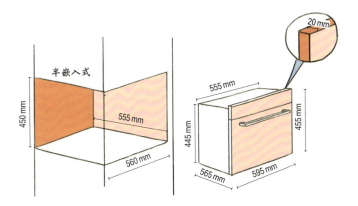

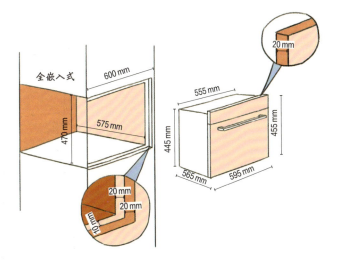

2. 嵌入式蒸烤箱的安装位置

嵌入式蒸烤箱底部距地高度等于身高 ×3/4。建议把手与人的视平线齐平，过低的话，操作时总得弯腰；过高的话，拿取食物时需要抬胳膊，不舒服。

冰箱的预留尺寸

1. 平嵌式冰箱

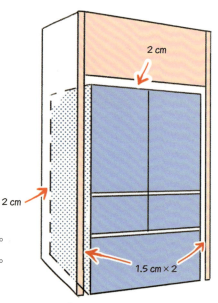

平嵌式冰箱顶部和背部各预留 2 cm 的散热空间，两侧各预留 1.5 cm 的散热空间。

橱柜内部宽度 = 冰箱宽度 +3 cm。
橱柜内部高度 = 冰箱高度 +2 cm。
橱柜进深 = 冰箱进深 +2 cm。

2. 全嵌入式冰箱（隐藏式冰箱）

通风口尺寸为 50 cm×5 cm，橱柜进深不小于 58 cm，橱柜内部高度不小于 178 cm。

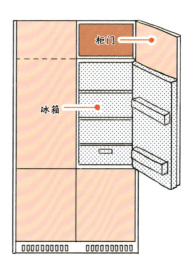

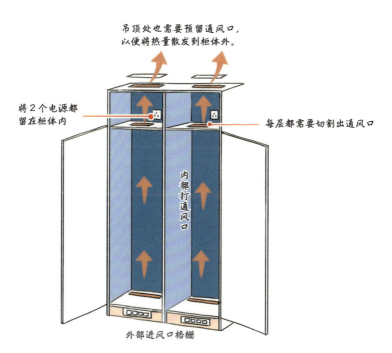

吊顶处也需要预留通风口，以便将热量散发到柜体外。

将2个电源都留在柜体内

每层都需要切割出通风口

内部打通风口

外部进风口格栅

专栏

厨房收纳好物推荐

　　厨房好不好用，跟收纳设计关系密切。如今网上非常流行"沉浸式"收纳，柜子里填满了各种收纳盒，整齐又好看，但使用完毕后能否准确归位，是否适合居住者就另当别论了。收纳的目的是服务于我们的生活，单纯为了收纳而收纳，很容易陷入消费陷阱。

◎吊柜升降拉篮

　　安装吊柜升降拉篮的原因是方便取物，但安装后会发现吊柜的储物空间更小了，而且拉篮有承重限制。只要在承重范围内，轻推拉篮，它就能自动回位，但超过这个重量，则很难自动回位。因此，吊柜升降拉篮只适合收纳重量轻的物品。

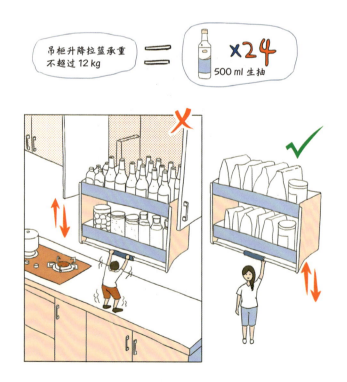

吊柜升降拉篮承重
不超过 12 kg

x24
500 ml 生抽

◎洞洞板

厨房不适合大面积悬挂洞洞板，只适合局部使用，用于遮丑，比如隐藏燃气热水器的管线等。

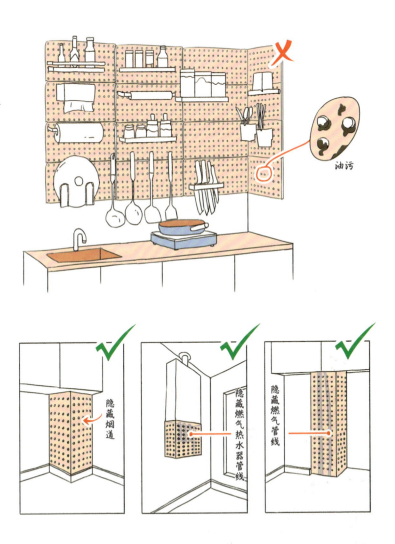

油污

隐藏烟道

隐藏燃气热水器管线

隐藏燃气管线

3

舒适餐厅的
布局和尺寸

3.1 餐厅怎么布局更好用

　　餐厅的主要功能是提供舒适、轻松的就餐场所，此外，餐厅作为客厅的延伸，承载着交流、收纳、展示等多重功能。无论什么样的餐厅，餐桌椅的大小及布局是餐厅设计的核心。

餐桌椅的选择

1. 餐桌椅的高度

　　餐桌的标准高度是 **75 cm**，餐椅的座面高度为 **45 cm**，两者之间的高度差约为 **30 cm**。

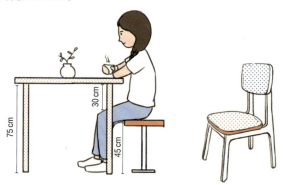

　　用餐时，双臂可以自由活动的宽度是 60 ~ 75 cm，最小宽度为 60 cm，宽度达到 **75 cm** 时比较舒适。

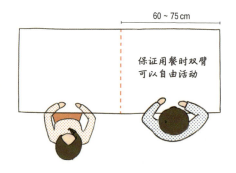

保证用餐时双臂可以自由活动

2. 方形餐桌的尺寸

二人方桌的尺寸为 70 cm×70 cm，四人餐桌的尺寸为 140 cm×80 cm，六人餐桌的尺寸为 180 cm×80 cm，八人餐桌的尺寸为 220 cm×80 cm。主要看餐桌长度，餐桌生产厂家会根据长度匹配相应的宽度。

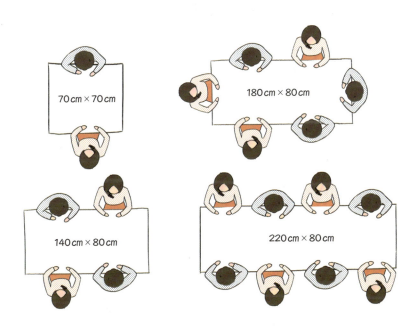

3. 圆形餐桌的尺寸

圆形餐桌的尺寸由其直径决定，三人餐桌的直径为 60 cm，四人餐桌的直径为 80 cm，六人餐桌的直径为 110 cm，八人餐桌直径为 130 cm。

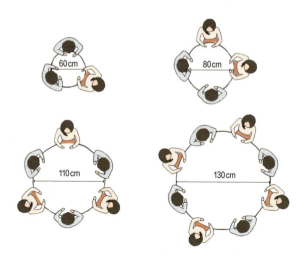

4. 岛台餐桌尺寸

岛台餐桌的高度为 **75 cm**，宽度为 80 ~ 85 cm，长度可根据使用人数来确定。比如长度大于 150 cm，可以坐 4 人；长度大于 180 cm，可以坐 6 人。

岛台高 **90 ~ 95 cm**，岛台下方内凹尺寸为 **25 cm**，可以轻松放下双腿。

岛台高度要稍高于餐桌，这样符合人体工程学，而且还可以在侧面安装插座。

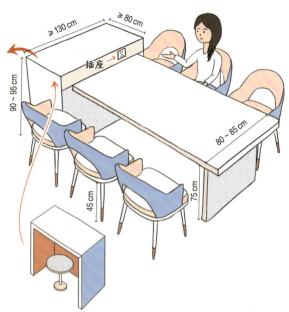

餐厅的布局

1. 餐厅宽度大于等于 300 cm

餐厅宽度大于等于 300 cm
是让人舒适的布局。餐边柜的
进深为 **40 ~ 60 cm**。若过道
宽度为 45 cm，人只能侧身通
过；当宽度达到 60 cm，人能
正常通行，不用侧身；当宽度为
80 cm，是单人通行的舒适宽度。

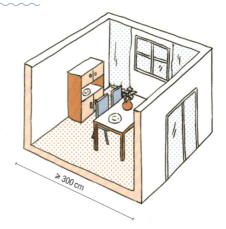

≥ 300 cm

（1）摆放长桌

餐桌与餐边柜之间应预留不小于 95 cm 宽的过道，保证有足够的空
间让人顺利通过。

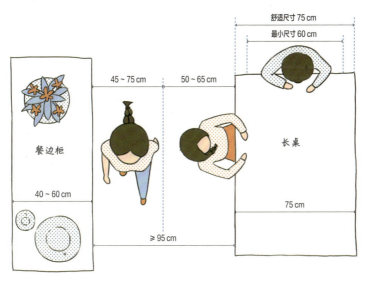

舒适尺寸 75 cm

最小尺寸 60 cm

45 ~ 75 cm   50 ~ 65 cm

餐边柜

长桌

40 ~ 60 cm

75 cm

≥ 95 cm

（2）摆放圆桌

圆桌的最小直径为 60 cm，餐桌与餐边柜之间应预留不小于 95 cm 宽的过道，保证有足够的空间让人顺利通过。

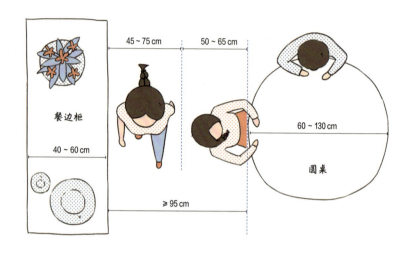

2. 狭长形餐厅

再来看一个狭长形餐厅，纵深狭长，但宽度不足 260 cm。

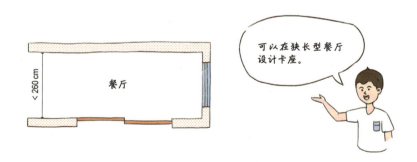

第一种设计是卡座＋储物柜＋餐桌椅，卡座座面进深为 **45 ～ 50 cm**，高约为 **45 cm**，卡座下方内凹 **20 cm**，用来放腿。

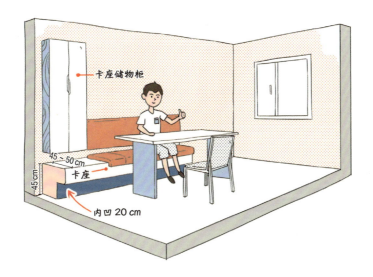

还可以设计为卡座＋储物高柜＋餐桌椅的形式，这样可增大储物空间，提高空间利用率。

3.2　餐厅吊灯的相关尺寸

吊灯安装高度

　　餐桌上方的吊灯高度离台面宜为 **70 ~ 80 cm**，距地高度为 **145 ~ 155 cm**（与人的眼睛基本齐平）。

吊灯尺寸的选择

1. 圆形吊灯

挂一盏圆形吊灯，吊灯的直径＝餐桌长度的 1/3。

餐桌长 140 cm，吊灯的直径约为 46 cm。

挂多盏吊灯，灯的直径＝餐桌长度 ÷ 灯的数量 ×1/3。

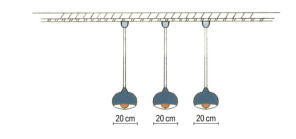

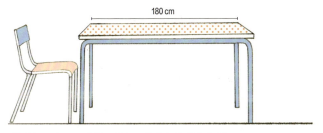

餐桌长 180 cm，若挂 3 盏灯，单个灯的直径为 20 cm。

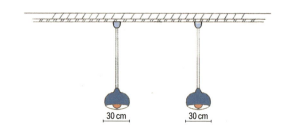

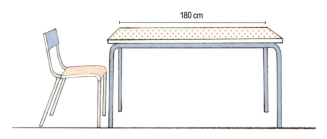

餐桌长 180 cm，挂 2 盏灯的话，每盏灯的直径为 30 cm。

2. 长条吊灯

长条吊灯包括普通长条灯、长条造型灯和带长条形灯盘的圆形灯。

吊灯的长度＝餐桌长度 ×3/4。

比如餐桌长 160 cm，那么吊灯的长度为 120 cm。

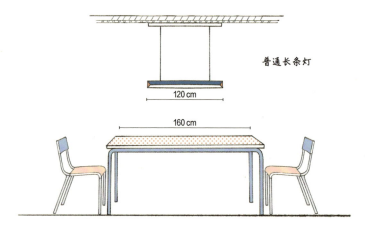

普通长条灯

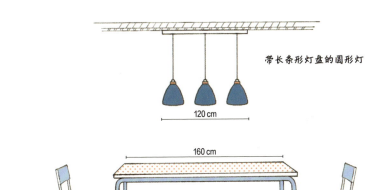

带长条形灯盘的圆形灯

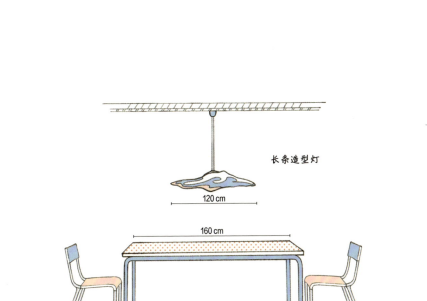

长条造型灯

吊灯与吊灯之间的距离

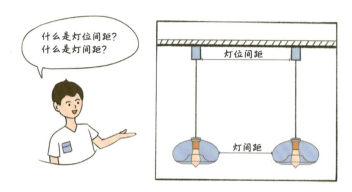

1. 餐桌长度在 140 cm 之内

餐桌长度在 140 cm 之内时，上方宜悬挂一盏直径为 50 cm 的大号吊灯。

2. 餐桌长度在 140 ~ 170 cm 之间

如果挂 2 盏吊灯，那么吊灯直径选择 25 ~ 30 cm，灯间距建议为 35 cm，灯位间距建议为 60 cm。

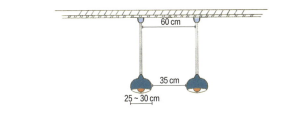

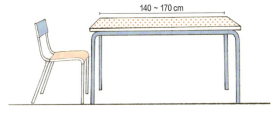

如果挂 3 盏吊灯，那么吊灯直径选择 15 ~ 20 cm，灯间距建议为 35 cm，灯位间距建议为 50 cm。

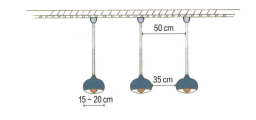

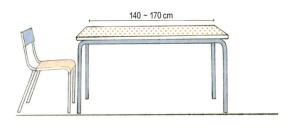

3. 餐桌长度在 180 cm 以上

如果挂 3 盏吊灯，那么吊灯直径建议选择 25 cm，灯间距建议为 45 cm，灯位间距建议为 55 cm。

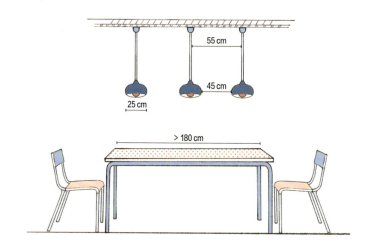

如果挂 2 盏吊灯，那么吊灯直径建议选择 40 cm 左右，灯间距建议为 50 cm，灯位间距建议为 80 cm。

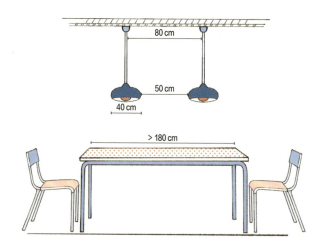

餐边柜的舒适尺寸

　　餐边柜的深度通常为 40 cm，紧凑型餐边柜可以做到 30 ～ 35 cm。如果安装了嵌入式电器，则柜体深度需要做到 60 cm。正常的餐边柜没必要做得太深，否则拿取东西十分不便。

　　中间开放格子的高度在 45 ～ 60 cm 之间，可以放下水壶、电饭煲、咖啡机等常用小电器。应提前预留轨道插座的位置。

　　地柜的高度为 85 ～ 90 cm，这样拿取物品和操作电器都比较方便。

4
永不复乱的客厅

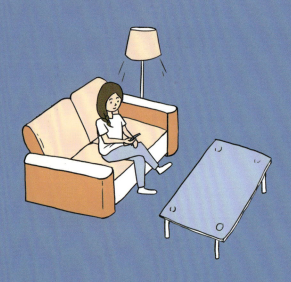

4.1 客厅沙发的选择

沙发的长度

通常，单人沙发的长度为 80 ~ 120 cm，双人沙发的长度为 120 ~ 180 cm，三人沙发的长度为 180 ~ 220 cm，四人沙发和 L 形沙发的长度都在 250 cm 以上。

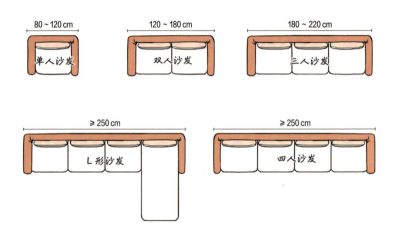

沙发的适宜长度约等于沙发背景墙的长度减去 120 cm，例如沙发背景墙长 320 cm，那么舒适沙发的长度是 200 cm。

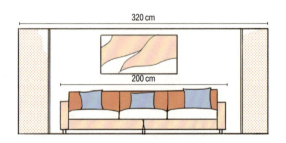

沙发的长度与客厅布局

1. 沙发背景墙长 350 cm

若沙发背景墙长 350 cm，沙发的长度不宜超过 230 cm。有两种布局方式，第一种是双人沙发搭配一个单人沙发。

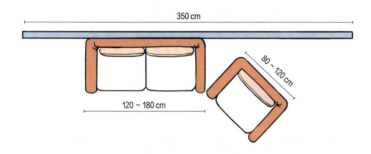

第二种是直接放置一个不超过 230 cm 长的 L 形沙发或三人沙发。

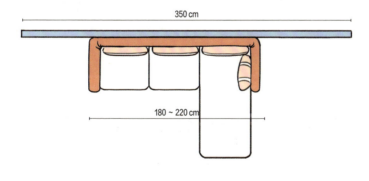

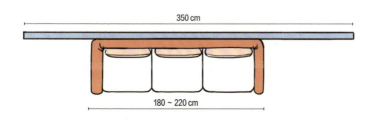

2. 沙发背景墙长 450 cm

若沙发背景墙长 450 cm，沙发的长度不宜超过 330 cm。有以下三种布局，第一种布局是双人沙发搭配单人沙发。

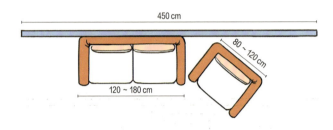

第二种布局是三人沙发搭配一个单人沙发。

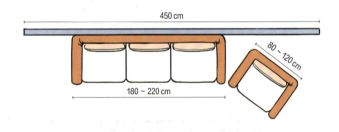

第三种布局是放置一组长不超过 330 cm 的四人沙发或 L 形沙发。

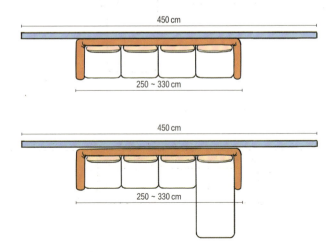

3. 沙发背景墙长 600 cm

若沙发背景墙长 600 cm，沙发的长度不宜超过 480 cm。有以下三种布局，第一种布局是三人沙发搭配两个单人沙发。

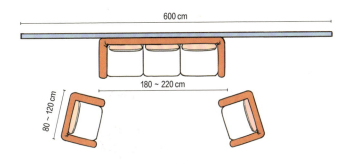

第二种布局是四人沙发搭配两个单人沙发。

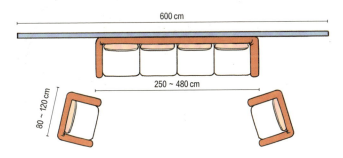

第三种布局是 L 形沙发搭配一个单人沙发。

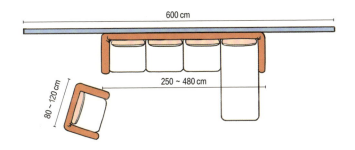

沙发和茶几之间的距离

　　沙发和茶几之间令人舒适的距离为 **40 ~ 50 cm**，这个距离方便坐在沙发上的人伸展双腿，并可以轻松拿取茶几上的物品。沙发进深在 **75 cm** 左右比较适合小户型，大户型适合进深在 **90 cm** 左右的沙发。

40 ~ 50 cm

≥ 60 cm

进深 75 cm

沙发不靠墙的话，至少要预留 60 cm 宽的过道空间。

4.2 去"客厅化"设计

去"客厅化"设计并不是指完全舍弃客厅，而是摒弃以电视机为中心的传统布局，按照家人的喜好重新设计。

客厅 + 书房 + 儿童娱乐区

在客厅一侧做到顶书柜，中间放大长桌，另一侧做半墙黑板，适合家有婴幼儿的三口或四口之家。

通顶书柜

半墙黑板

大长桌

可以刷黑板漆或粘贴黑板贴，
作为小朋友的画画区。

1. 普通书柜

建议书柜进深为 **27 cm**（包括背板）左右，每一层的高度在 **25 ~ 40 cm** 之间，也可根据家里的藏书类型来划分层高。

> 定制柜厂家通常有默认的标准尺寸——35 cm（进深和高度等同）。这是一个包容性非常强的尺寸，能放下大部分物品。

书柜深度过深，会有一个"致命"后果：放下图书后，前面留空大，就容易堆满杂物。因此应根据书籍的尺寸来规划书柜。

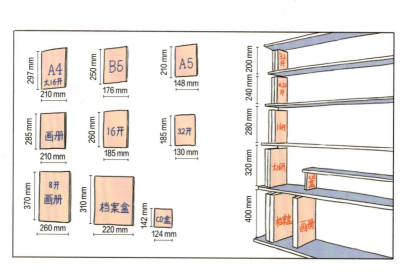

书柜变身杂物柜

　　推荐做层高不等的书柜，从上到下，高度逐渐增高。一面顶天立地的书柜一般可以做到 6 ～ 8 层（吊完顶后，房屋的净高约为 250 cm）。

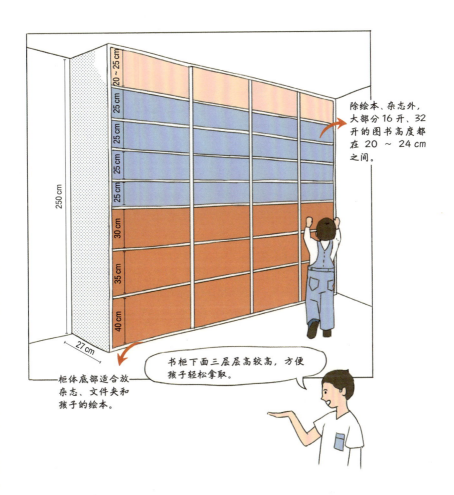

除绘本、杂志外，大部分 16 开、32 开的图书高度都在 20 ～ 24 cm 之间。

书柜下面三层层高较高，方便孩子轻松拿取。

柜体底部适合放杂志、文件夹和孩子的绘本。

2. 卡座书柜

　　也可以设计成卡座书柜，座面高度为 **40 cm**，进深为 **35 cm**，方便孩子坐下来阅读，或踩着卡座拿取高处的图书。卡座下方为抽屉，收纳玩具、生活杂物等。

座面进深

35 cm

40 cm

抽屉

客厅 + 书房 + 影音室

在客厅一侧做整排书柜，顶部预留投影幕布槽，对面放置小体量沙发。

特别提醒：应提前预留电路，放置投影幕布的凹槽要在吊顶阶段完成。

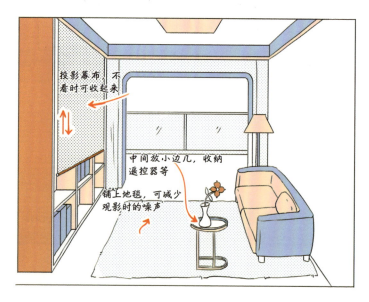

投影幕布　不看时可收起来

中间放小边几，收纳遥控器等

铺上地毯，可减少观影时的噪声

投影幕布的最佳观看距离，见下图。

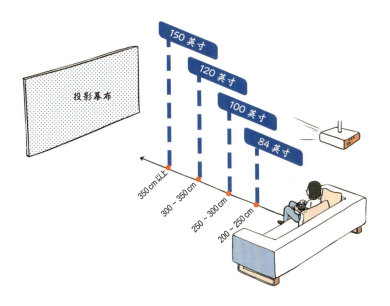

不想做书柜的话，也可以做普通的通顶收纳柜，通常客厅柜子的进深在 **30 ~ 50 cm** 之间。

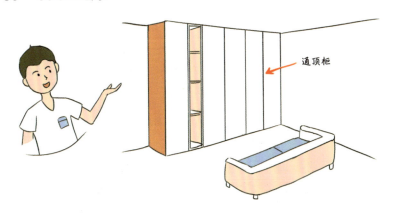

客厅 + 书房 + 茶室

　　茶桌位于客厅中间，旁边放坐卧两用的罗汉床，罗汉床后方放置储物柜，收纳茶叶和茶具，极具观赏性。茶桌下方做隐形地插，方便泡茶。

书柜

收纳柜

茶桌　罗汉床

隐形地插

做好这两点，客厅变轻盈

　　如果看了以上内容，你仍然没有思路，则可以尝试这两点：一是将笨重的沙发换成简约、小体量的沙发；二是舍弃大茶几，换成小边几。

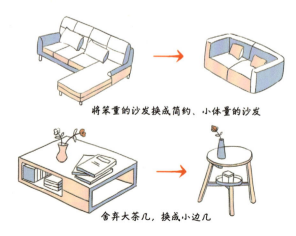

将笨重的沙发换成简约、小体量的沙发

舍弃大茶几，换成小边几

专栏

客厅插座的安装高度

◎沙发区

沙发区一般需要预留三四个插座，在沙发两侧分别设置 2 个高度在 30 cm 的五孔插座，供手机、落地灯等使用。如果是为手机充电，则建议与沙发扶手高度持平，这需要在水电改造前确定好沙发尺寸。

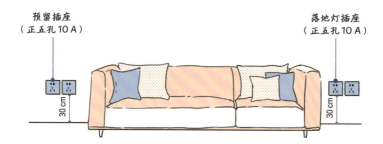

预留插座
（正五孔 10 A）

落地灯插座
（正五孔 10 A）

30 cm

30 cm

◎电视背景墙区

在电视背景墙区预留 4 ~ 8 个插座，高度为 30 ~ 35 cm。还可以预埋一根 50 管，上口距地高约为 110 cm，下口距地高 30 ~ 35 cm，将各种管线隐藏起来，让台面保持干净整洁。

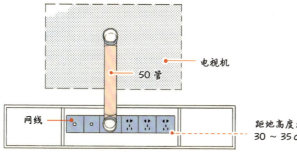

电视机

50 管

网线

距地高度为
30 ~ 35 cm

4.3 客厅去"家务化"三要点

要点 1：家具无死角设计

客厅家具尽量选择全落地款或高脚款，打扫卫生不费力气。不建议放大茶几，必要时可以放一张小边几，让空间显得更宽敞。

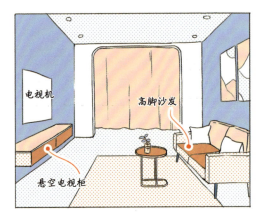

悬空电视柜进深在 30 ~ 35 cm 之间，厚度约为 20 cm，距地高约 20 cm。建议电视柜长度约等于电视机长度的 1.6 倍，这时视觉效果最佳。

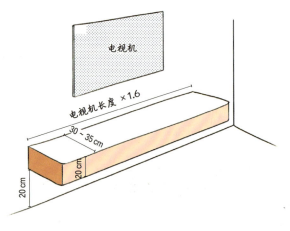

如果客厅定制了收纳柜，则建议做通顶柜，避免柜体顶部积灰。此外，最好装上柜门，做封闭式储物。

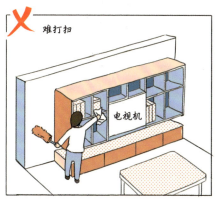

要点 2：好打理胜过高颜值

吊顶造型应尽量简单，做平顶或边吊即可。避免选择暗藏灯带的吊顶，后期容易积灰。

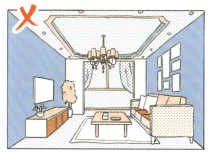
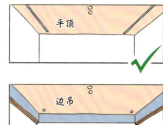

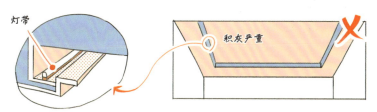

如果室内安装了中央空调或风管机，则可以将其藏进吊顶中，更显简约大气。

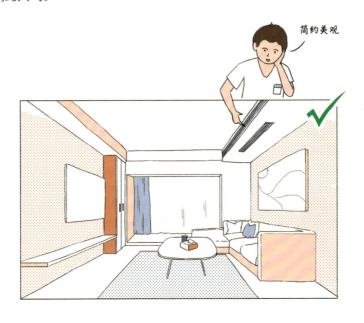

灯具造型尽量选择简约款式，不要选装饰复杂的水晶灯。

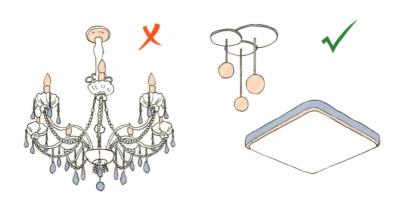

要点 3：墙面平整无凸起

凸起的踢脚线易落灰，建议做内嵌式踢脚线，让踢脚线与墙面持平。

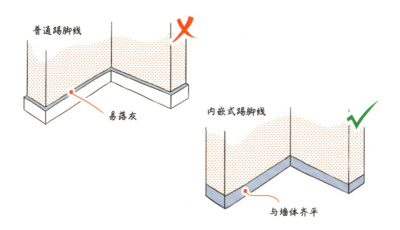

普通踢脚线

易落灰

内嵌式踢脚线

与墙体齐平

慎选木格栅装饰面板，既容易藏灰，又不好清理，可以用护墙板替代。如果一定要选用木格栅，建议安装新风系统，保持室内空气清新。

木格栅容易藏灰

电视机

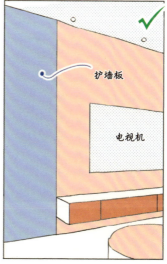

护墙板

电视机

电动窗帘窗帘盒的预留尺寸

◎**窗帘盒预留宽度**

做吊顶前要先确定窗帘类型，这关系到窗帘盒的宽度。一般来说，单轨窗帘盒的宽度不小于10 cm，双轨窗帘盒的宽度不小于20 cm。

如果是L形轨道，则单轨窗帘盒的宽度不小于15 cm，双轨窗帘盒的宽度不小于25 cm。

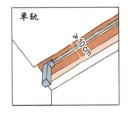

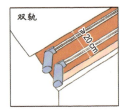

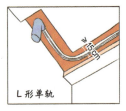

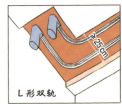

◎**电机插座预留**

单轨窗帘只需要预留1个五孔插座。双轨窗帘会使用2个电机，可以预留1个四孔插座。

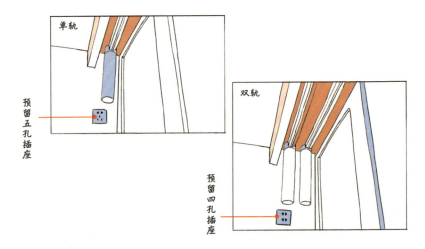

4.4 客厅收纳小技巧

化零为整四步走

客厅收纳有四个步骤，可以简单用四个字来概括：清、类、收、归。

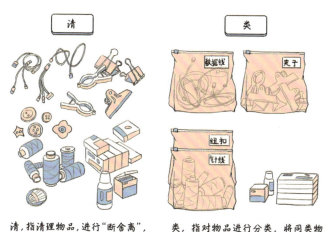

清，指清理物品，进行"断舍离"，留下来的物品才有资格被妥善收纳。

类，指对物品进行分类，将同类物品集中收纳起来。

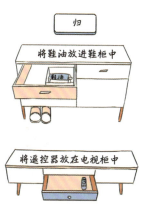

收，指开始收纳，东西能立着放就别躺着放，要求一目了然，取放不影响其他物品。

归，指根据生活动线和使用频率，固定收纳位置，同时遵循就近原则。

收纳技巧分享

1. 巧用小推车，拿取物品更顺手

移动小推车颜值高，能立体收纳，不占空间，哪里需要放在哪里。

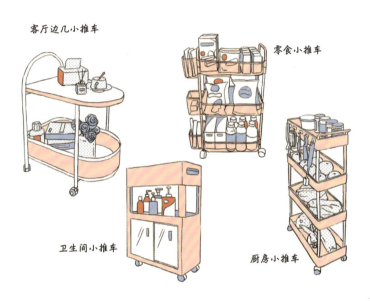

客厅边几小推车

零食小推车

卫生间小推车

厨房小推车

2. 妙用托盘，化零为整

把零散的物品统一放在托盘里，进行模块化收纳，视觉上会更整洁。

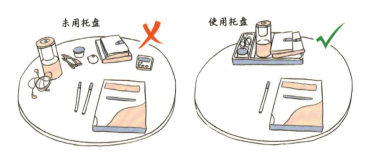

未用托盘

使用托盘

3. 及时收纳季节性物品

冷水壶、凉席、沙发垫、厚被子、羽绒服等季节性物品，换季后要及时分类收纳。

带玻璃的收纳柜内比较适合摆放书籍、手办、藏酒等观赏性比较强的物品。如果想存放日用品、杂物等，则不建议选透明门的。

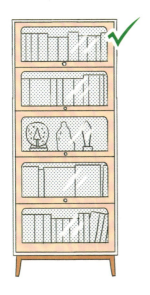
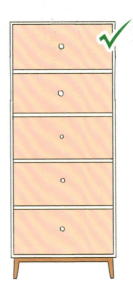

做好这三点，
扫地机器人来去自如

◎ **家具底部留空高度不小于 12 cm**

这一尺寸有助于扫地机器人工作时来去自如，或者选择全落地款式的家具，避免频繁打扫卫生。

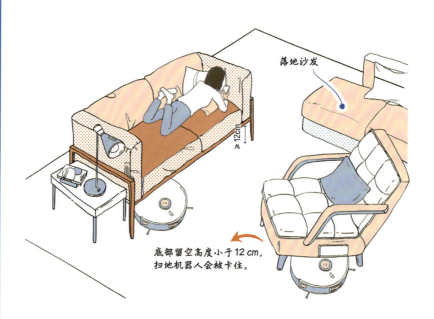

落地沙发

≥12cm

底部留空高度小于 12 cm，
扫地机器人会被卡住。

◎ **厨房做无轨推拉门或超薄地轨推拉门**

预算充裕的话，建议厨房做无轨推拉门，这样扫地机器人可以畅通无阻地工作；或者做超薄地轨推拉门，地轨高 1.5 cm，低于扫地机器人的越障高度（越障高度为 2 cm），不会影响扫地机器人正常工作。

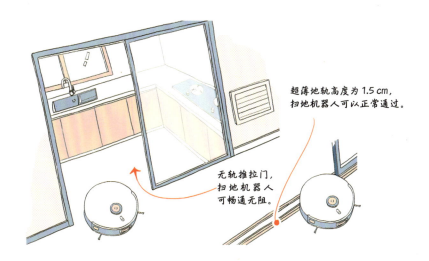

超薄地轨高度为1.5 cm，
扫地机器人可以正常通过。

无轨推拉门，
扫地机器人
可畅通无阻。

◎ **全屋采用无门槛设计**

全屋采用无门槛设计，
或者门槛不高于1.5 cm，再
高的话，扫地机器人即便能
过去，也会磨损轮子或划伤
地板。

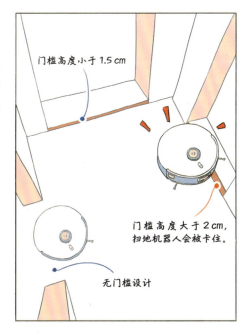

门槛高度小于1.5 cm

门槛高度大于2 cm，
扫地机器人会被卡住。

无门槛设计

5

卧室衣柜和
榻榻米设计

5.1 设计一款好用的衣柜

衣柜尺寸

1. 第一层层板的高度 = 身高 + 20 cm

定制衣柜应首先关注第一层层板的高度，比身高多 20 cm 为第一层层板舒适区的上限。注意：这并不是能够取放的最高点。

比身高多 20 cm 最佳。

腰部到视线之间为黄金收纳区

低频使用区

高频使用区

中频使用区

腰部到视线之间为黄金收纳区，应收纳高频使用的衣物。挂衣区和叠衣区的比例，应根据个人习惯和衣服类型来决定。衣柜最上方为低频使用区，收纳被褥、过季衣物等。衣柜最下方为中频使用区，可以存放裤子、短衣服等。

2.衣柜内部设计

除了收纳衣物，衣柜内还要收纳被褥、鞋袜、首饰等，需要划分出不同的区域，比如储物区、长衣区、短衣区、挂裤区和抽屉等，不同分区应设置不同的高度。

短衣区的高度至少有 80 cm

长衣区高度为 140 cm

挂裤区高度为 60 ~ 80 cm

叠衣区高度为 30 ~ 35 cm

包包区高度为 35 cm

首饰收纳板

抽屉高度为 20 cm（单个）

储物区高度为 40 cm

四款常用衣柜布局

布局一：以短衣为主，长衣为辅

衣柜内部设置了 3 个短衣区和 1 个长衣区，能满足普通家庭的日常收纳需求。

布局二：以长衣为主，短衣为辅

衣柜内部有 2 个长衣区和 1 个短衣区，适合长衣服比较多的业主，收纳力也不容小觑。

布局三：衣服多，杂物也多（适合小卧室）

这款衣柜内部的布局原则是多做挂衣区和储物区，储物区可以放置抽拉式收纳盒，更实用。

储物区　≥40 cm

≥40 cm

≥40 cm

短衣区　≥80 cm

长衣区　140 cm

包包区　35 cm

叠衣区　30～35 cm

挂裤区　60～80 cm

储物区　≥40 cm

短衣区　≥80 cm

布局四：短衣 + 长衣 + 杂物（适合大卧室）

如果卧室比较大，适合定制下图这种宽松型衣柜。衣柜内部除了有基础挂衣区，还可以根据自己的实际需求增加包包收纳区、叠衣区等。

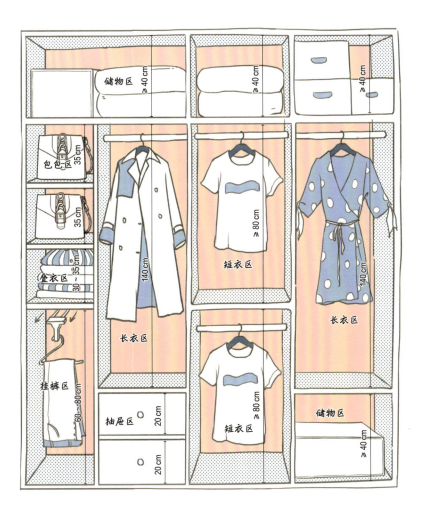

四招解决床头柜和衣柜"打架"问题

1. 门帘式床头柜

靠近床头柜的衣柜柜体省去门板，改为布帘，这样可以少做一部分门板，更省钱。衣柜内部设置挂杆，方便拿取物品。

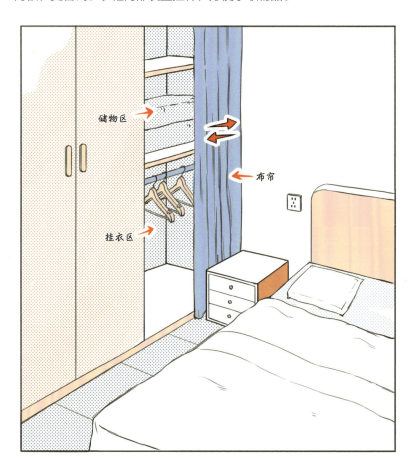

储物区

布帘

挂衣区

2. 抽屉式床头柜

将床头柜隐藏在衣柜里，适合床和衣柜平行放置的卧室布局。优点是节省空间，应提前定制，成本偏高，并且底部需要安装滑轮或滑轨，对五金要求较高。

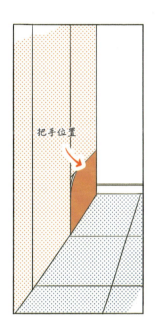
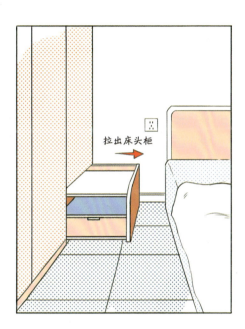

把手位置

拉出床头柜

3. 抽拉板式床头柜

如果床头只是放置手机、水杯之类的物品，那么可以简单做一个抽拉层板，用的时候拉出来，不用时收起来，使用更便捷，适合小户型。不足之处是缺少收纳空间。

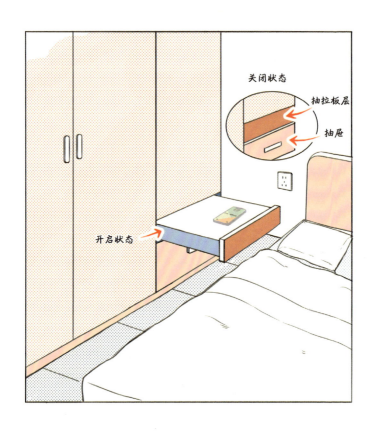

关闭状态

抽拉板层

抽屉

开启状态

4.一体式床头柜

一体式床头柜的最大特点是能保证视觉上的统一，提升卧室的美观度。应提前规划好床头柜和衣柜的尺寸。

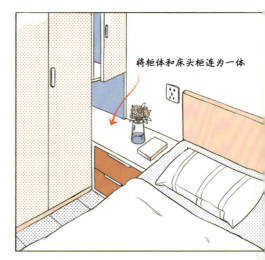

将柜体和床头柜连为一体

5.2 高颜值衣帽间布局和尺寸

五款布局随心变

1. L 形衣帽间

  L 形衣帽间占用面积不大，适用于空间小且偏长方形的户型，建议最小尺寸为 150 cm×180 cm。

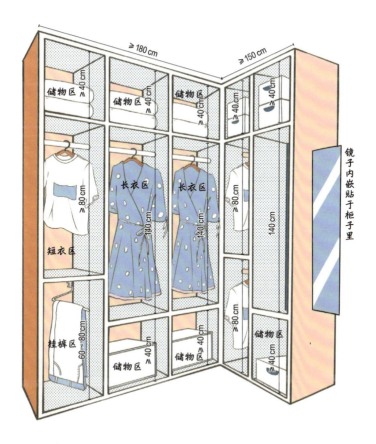

2. 浅 U 形衣帽间

正方形的衣帽间一般采用浅 U 形设计，需要占用较大的空间，收纳空间也相对较大，建议最小尺寸为 150 cm×200 cm。

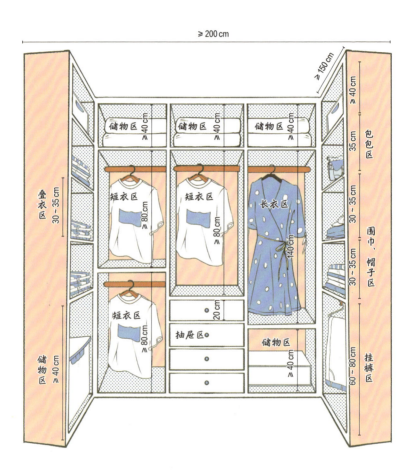

3. 深 U 形衣帽间

建议最小尺寸为 200 cm × 250 cm，中间过道宽度至少为 80 cm。

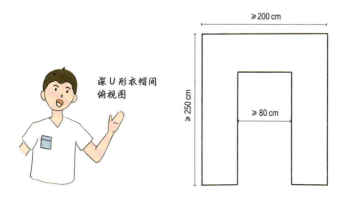

深 U 形衣帽间
俯视图

≥ 200 cm

≥ 250 cm

≥ 80 cm

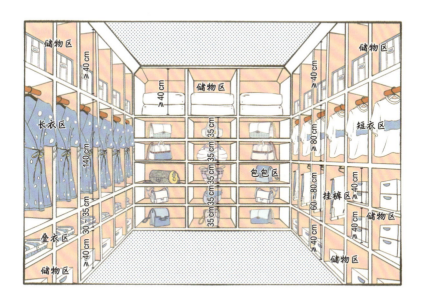

4. I 形衣帽间

I 形衣帽间占用面积最小，呈一字排开，可以采用开放式设计，不设置柜门，直接收纳衣物。

5. II 形衣帽间

II 形衣帽间适合长方形走道空间,可以搭配化妆台或换鞋凳使用,做多功能空间。衣帽间的宽度不小于 200 cm,确保两排衣柜之间至少有 80 cm 宽的过道空间。

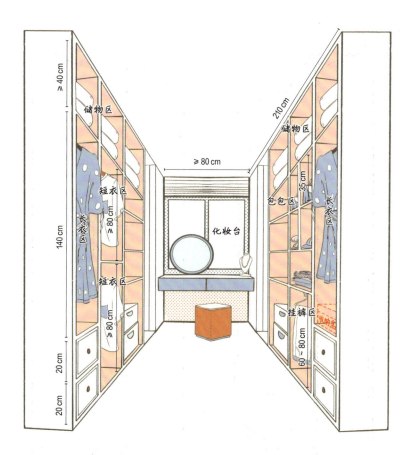

衣柜转角区也不能浪费

1. 利用旋转架，做转角收纳

转角架能够单层独立旋转，可以最大限度地利用衣柜转角空间，每层高度可根据需求进行调节。

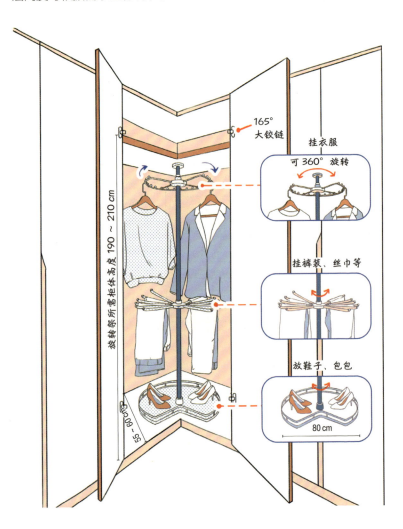

2. 安装弧形挂衣杆

直接在柜子中间安装弧形挂衣杆，不影响日常收纳。

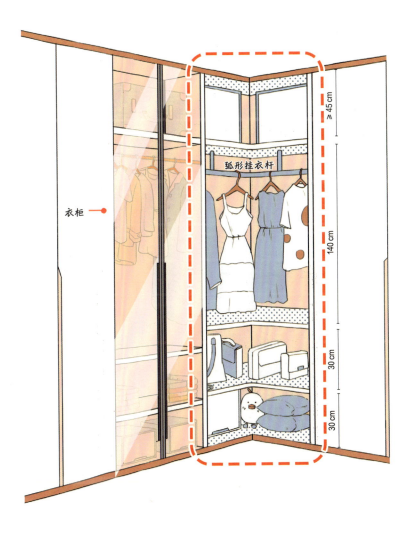

衣柜

弧形挂衣杆

≥45 cm

140 cm

30 cm

30 cm

3. 做 L 形 开 放 柜

省去柜门，采用开放柜设计，上层用来收纳被褥、过季衣物等大件物品，中间是挂衣区。

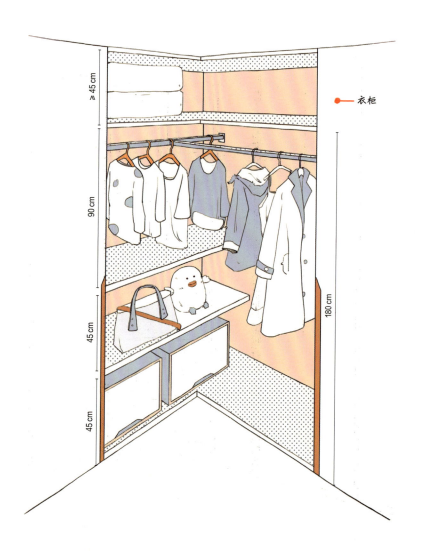

衣柜

4. 将角柜改成包包收纳区

包包收纳区进深为 35 cm，比衣服收纳区进深（60 cm）要窄，结合使用，方便拿取衣柜角落里的衣服。

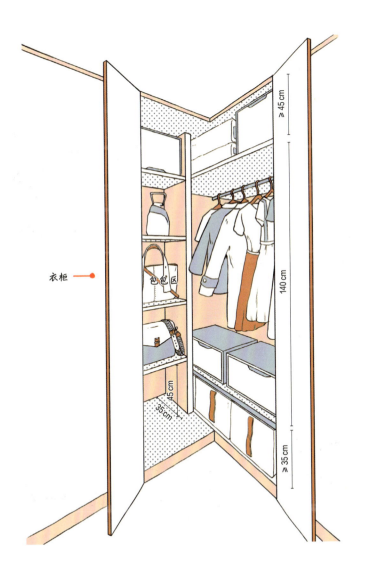

衣柜

5.3 定制榻榻米三要点

用料安全

榻榻米板材用量大，一定要警惕甲醛超标的问题。不存在"零甲醛"的板材，要想甲醛释放量不超标，**一要看板材类型，二要看封边工艺。**

榻榻米板材用量大，一定要警惕甲醛超标！

1. 板材类型

一般来说，同品牌情况下，板材用胶量越少，甲醛含量越低。用胶量从高到低的排序为：实木多层板、实木颗粒板、指接板。一定要从正规渠道购买品牌板材，这样才能更放心。

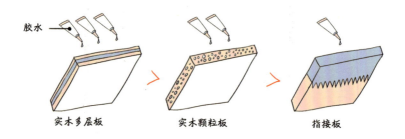

胶水　　实木多层板　　＞　　实木颗粒板　　＞　　指接板

2. 封边工艺

封边工艺也会影响板材的环保性、防潮性以及美观度。建议柜门和柜体统一用 PUR 封边。

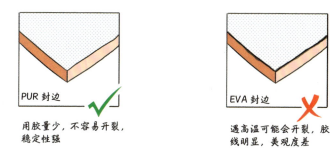

PUR 封边 ✓
用胶量少，不容易开裂，稳定性强

EVA 封边 ✗
遇高温可能会开裂，胶线明显，美观度差

签合同时要明确使用 PUR 封边，以防一些商家只在柜门上使用 PUR 封边，而在柜体上使用 EVA 封边。

设计实用

1. 不做升降台

卧室榻榻米不建议做升降台，使用率低，拿取物品也十分麻烦。但若为榻榻米多功能房，则可以考虑设置升降台。

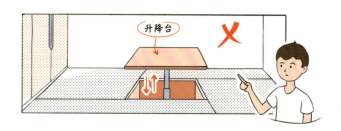

升降台 ✗

2. 床体与柜门之间预留 15 cm

床体和柜门之间的区域，要预留好床垫尺寸，建议预留 **15 cm**，防止铺上床垫后柜门打不开，衣柜深度做到 **55 cm** 即可。

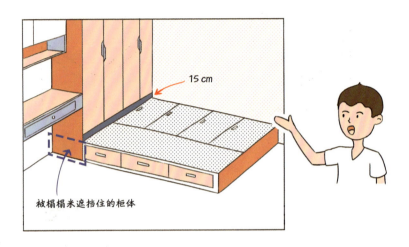

15 cm

被榻榻米遮挡住的柜体

被榻榻米遮挡住的那部分柜体，有两种设计方式：一种是做长衣区，不浪费空间；另一种是做抽屉，存放不常用的物品。

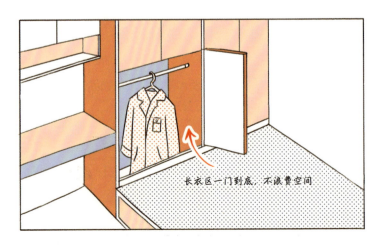

长衣区一门到底，不浪费空间

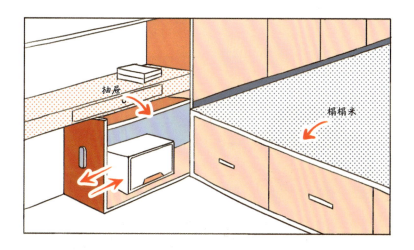

南方地区潮气重，不建议做榻榻米。一定要做的话，建议使用排骨架床板。榻榻米内侧 30% 的空间用来通风而非储物，即在相邻层板上留通风孔，保证通风效果；剩余 70% 的空间做抽屉式储物柜。

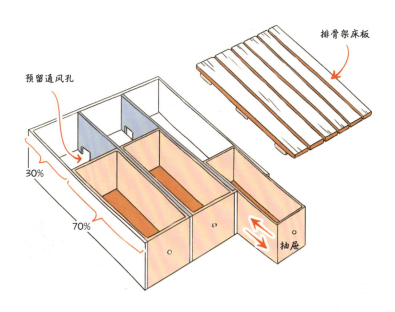

抽屉式储物

上翻式储物空间拿取物品十分不便，建议做成抽屉式储物。如果室内面积足够大，还可以做超长抽屉。若面积有限，则可以做两个短抽屉。

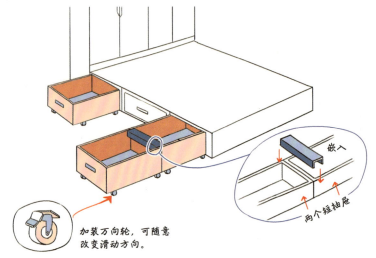

加装万向轮，可随意改变滑动方向。

嵌入

两个短抽屉

也可以根据居住需求做组合式设计。床体内侧做上翻式储物，放不常用物品；外侧做抽屉式储物，放常用物品。

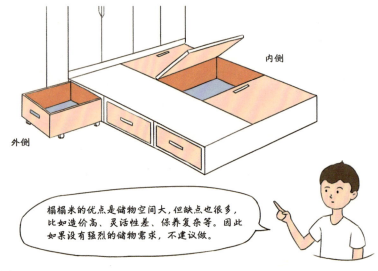

内侧

外侧

榻榻米的优点是储物空间大，但缺点也很多，比如造价高、灵活性差、保养复杂等。因此如果没有强烈的储物需求，不建议做。

卧室开关、插座设计

◎开关

在卧室布置2个双控开关（控制卧室顶灯和床头灯），1个在卧室入口处，1个在床头，距地高度130 cm。

◎插座

床头插座距床头柜台面30 cm高，为手机、台灯等供电。在化妆桌附近，为卷发棒、美容仪等预留2个五孔插座，距台面高度为20 cm。还可以在床尾预留2个五孔插座，距地高度30 cm，以备不时之需。

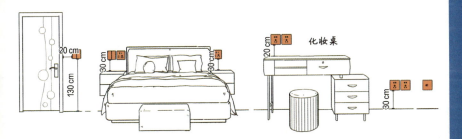

6

卫生间这样装，
显大又实用

6.1 卫生间尺寸全知道

卫生间面积小，物品种类多，十分考验收纳整理能力。一般来说，卫生间分为洗漱区、坐便器区和淋浴区，下面分别讲解这三个区域的尺寸设计和收纳要点。

洗漱区

1. 3个高度尺寸

（1）浴室柜台面高度

浴室柜台面高度 = **身高** ÷ 2 + 5。我国女性的平均身高约为160 cm，那么台面的舒适高度在 85 ~ 90 cm 之间。个子小，但喜欢高台面的业主，台面可以做到 85 cm 高。家人身高相差较大的话，可以取折中值。

台面高度 = 身高 ÷ 2 + 5

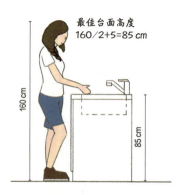

最佳台面高度
160/2+5=85 cm

160 cm

85 cm

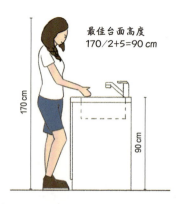

最佳台面高度
170/2+5=90 cm

170 cm

90 cm

若台面过低，长久使用会
导致腰肌劳损，舒适的
台面高度为 85 ～ 90 cm

（2）镜柜底部距台面高度

镜柜底部距台面的距离为 **30 ～ 35 cm**。通常，普通水龙头预留
30 cm 就行，抽拉水龙头要预留 **35 cm** 高。

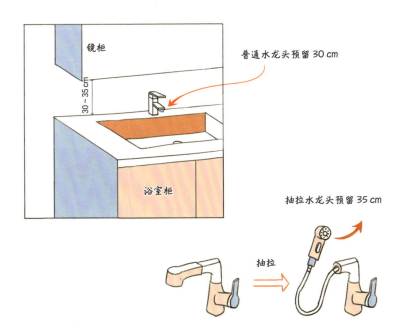

（3）镜柜底部距地高度

镜柜底部距地高度为 115 ~ 125 cm。镜柜一般装在浴室柜上方的正中间，**与浴室柜同宽或左右缩进 5 ~ 10 cm**。这样，照镜子时人脸刚好位于正中间。

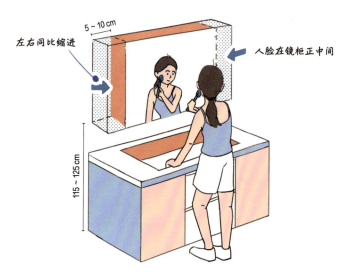

总结：镜柜与浴室柜宽度相同，或左右各缩进 5 ~ 10 cm，柜体底部距地高度为 115 ~ 125 cm。浴室柜高 85 ~ 90 cm，深度为 50 ~ 60 cm。

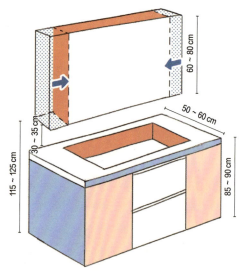

注意：如果做台上盆，建议镜柜底部到台面之间的距离不小于 50 cm，不然水会溅到镜子上。

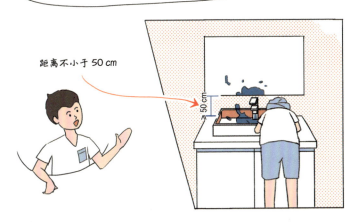

距离不小于 50 cm

2. 三面镜柜这样设计，收纳最大化

　　镜柜门板是常被大家忽略的小物品收纳区，可以存放女生的零碎物品。

中间镜柜

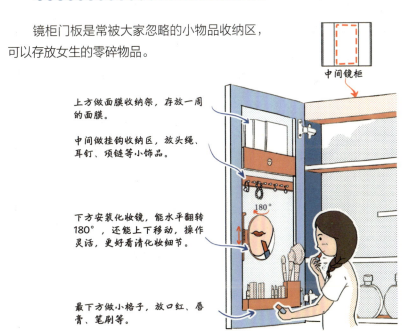

上方做面膜收纳架，存放一周的面膜。

中间做挂钩收纳区，放头绳、耳钉、项链等小饰品。

下方安装化妆镜，能水平翻转180°，还能上下移动，操作灵活，更好看清化妆细节。

最下方做小格子，放口红、唇膏、笔刷等。

三面镜柜应分低频收纳区和高频收纳区，可以做高低错落的分区设计，S、M、L三种尺寸的收纳设计，适用于 90% 以上的彩妆和洗护用品。而普通三面镜柜内部是简单的三格布局，不方便收纳大小不一的物品。

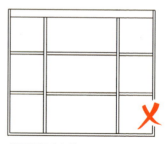

普通镜柜内部格局

低频收纳区　高频收纳区　低频收纳区

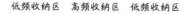

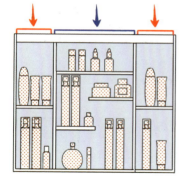

S 号收纳层

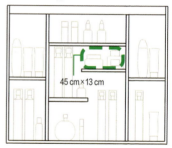

45 cm×13 cm

M 号收纳层

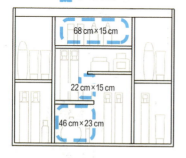

68 cm×15 cm

22 cm×15 cm

46 cm×23 cm

L 号收纳层

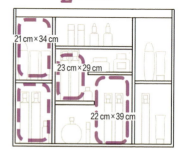

21 cm×34 cm

23 cm×29 cm

22 cm×39 cm

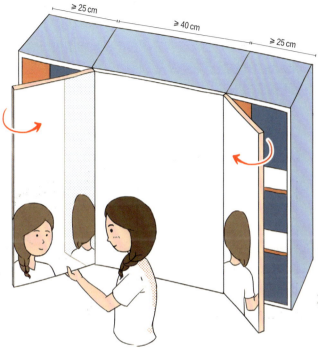

≥25 cm

≥40 cm

≥25 cm

注意：三面镜的正确设计是两侧镜面朝中间开，方便照到面部两侧乃至后脑勺。两侧镜面不小于25 cm，中间镜面不小于40 cm，才能满足使用需求。

149

3. 带开放层板的镜柜尺寸细节

上部设有带门镜柜，底部设有开放层板，是当下流行的镜柜设计。大多数镜柜底部的开放层板高度只有 12 ~ 15 cm，牙杯、牙膏、洗面奶等洗漱用品根本放不进去。

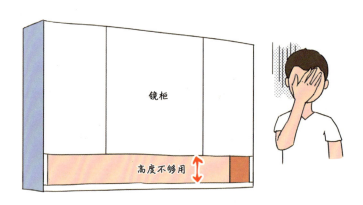

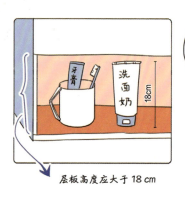

层板高度应大于 18 cm

成人牙刷、牙膏放进牙杯倾斜后，整体高度约为 18 cm；洗面奶的高度约为 18 cm。

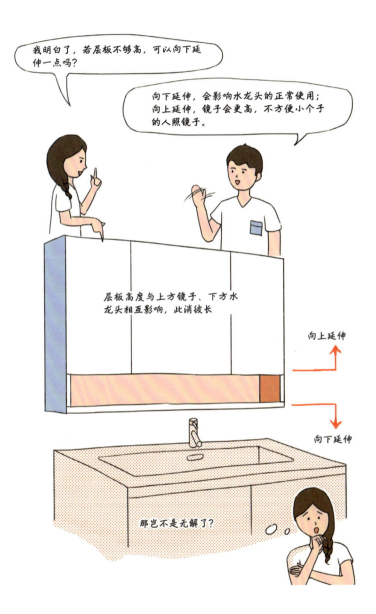

有一种特别的细节设计——镜门下飘，能解决这个问题。在不动外观尺寸的情况下，将镜柜最下面的层板提高一点，通过内缩，让开放层板高度达到 **18 ~ 20 cm**。

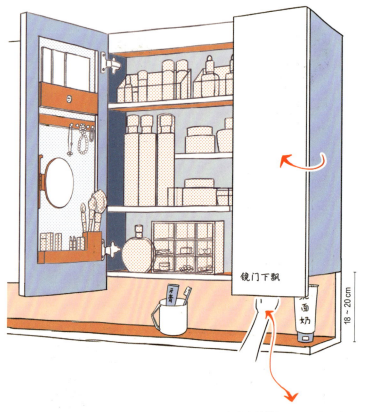

镜门下飘

洗面奶

18 ~ 20 cm

下飘多出的镜门，还能当作镜柜把手，避免湿手按压镜门，留下水痕。

　　带底部开放层板的镜柜镜面通常比较高，不适合儿童使用。这种镜柜底部层板距地 110 cm 高，而镜面距地 122 ～ 125 cm 高。3 岁儿童的平均身高约为 96 cm，踩在 25 cm 高的凳子上，总高约 120 cm，仍无法照到面部，要到 5 岁时孩子才能踩着凳子照到面部。

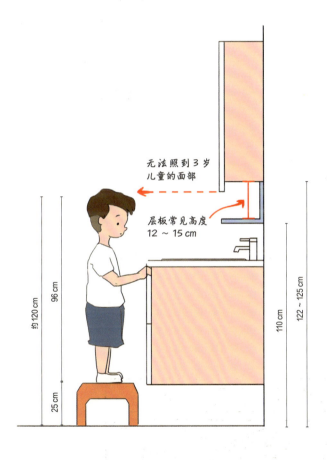

无法照到 3 岁儿童的面部

层板常见高度
12 ～ 15 cm

约 120 cm

96 cm

25 cm

110 cm

122 ～ 125 cm

注：3 岁儿童身高中位数是 96 cm，5 岁儿童身高中位数是 110 cm。

4.浴室柜尺寸

浴室柜内因为水槽的存在，空间变得不规则，无法按照常规方法来做收纳。主流浴室柜的高度为46～50 cm，足够做分层置物，收纳洗发水、洗衣液等洗护用品和清洁用品。下面分享两个简单好用的分层置物方法。

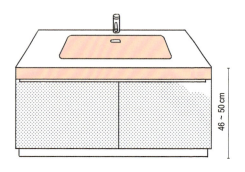

46～50 cm

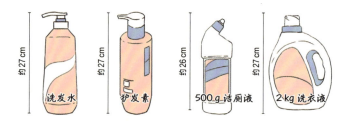

约27 cm 洗发水　约27 cm 护发素　约26 cm 500 g 洁厕液　约27 cm 2 kg 洗衣液

（1）抽拉式双层置物架

抽拉式双层置物架可以充分利用浴室柜下方空间，方便拿取里侧的物品。

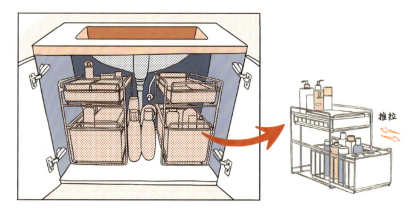

推拉

（2）伸缩杆 + 收纳篮

将两根伸缩杆错层放置，可避开管道放置 4 ~ 5 个收纳篮，这样就多出一层收纳空间。底层放置收纳盒，有序收纳，不常用的囤货放里侧，使用频率高的物品放外侧。

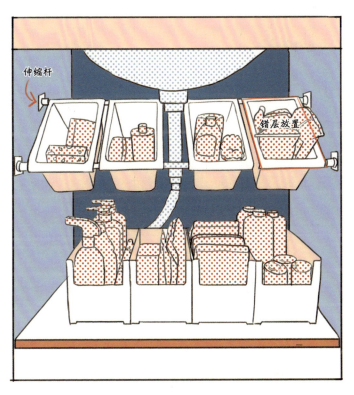

伸缩杆

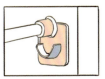

伸缩杆与层板连接

当然，不是只有柜体内部才能做收纳，借助合适的收纳工具，浴室柜侧面和下方也可以储物。

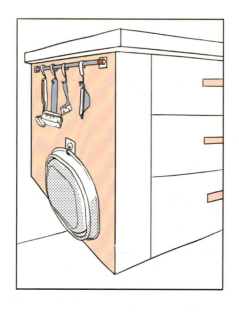

浴室柜侧面可用挂杆收纳缝隙刷、清洁头刮水板、鞋刷等。

浴室柜下方可留出 26 ～ 28 cm 的空间，收纳儿童踩脚凳，或者将收纳碗盘的置物架倒挂在浴室柜底部，用于收纳面盆。

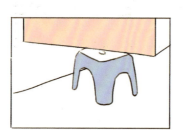

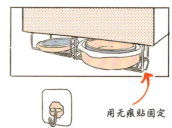

用无痕贴固定

在靠近坐便器的一侧做成开放格，存放洁厕液、卷纸、空气清新剂等日常用品。

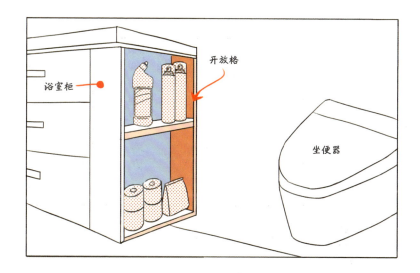

浴室柜

开放格

坐便器

坐便器区

坐便器分常规坐便器和壁挂式坐便器两种情况。

1. 砌墙，做到顶吊柜

安装壁挂式坐便器时，有时需要新砌矮墙，墙体高度不小于**80 cm**，深度约为**20 cm**。砌墙后，坐便器区的空间会变小，收纳区却只多了一个小平台。

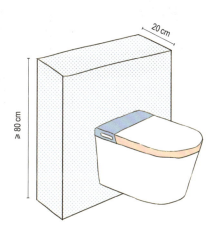

20 cm

≥80 cm

小平台

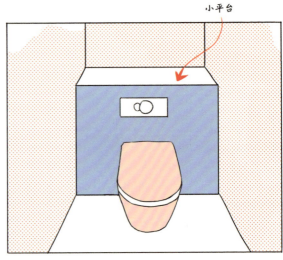

那怎么增加收纳区呢?

可以在小平台上方35 cm处定制通顶吊柜。小平台上可以摆放香薰、绿植；吊柜中可以囤放纸巾、洁厕液、空气清新剂等。

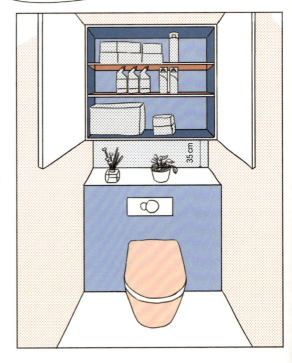

35 cm

2. 不砌墙，在坐便器上方打造18 cm深的吊柜

安装落地坐便器不需要砌墙，坐便器水箱厚度约为 20 cm，可以在其上方做进深为 **18 cm** 的通顶吊柜。若吊柜深度超过 20 cm，如厕起身时容易碰到头。

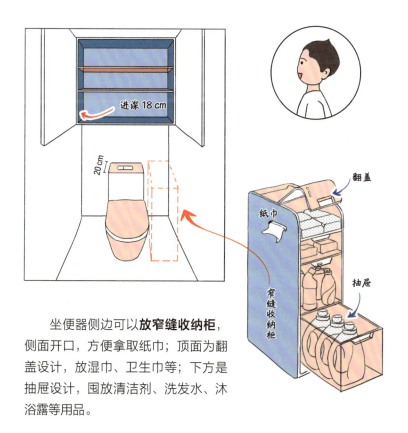

进深18 cm

20 cm

翻盖

纸巾

窄缝收纳柜

抽屉

坐便器侧边可以**放窄缝收纳柜**，侧面开口，方便拿取纸巾；顶面为翻盖设计，放湿巾、卫生巾等；下方是抽屉设计，囤放清洁剂、洗发水、沐浴露等用品。

淋浴区

壁龛空间大，防水防潮，不占室内空间，非常适合做淋浴区收纳，但做壁龛需要具备一定的条件。

1. 挖洞做壁龛

原始墙面必须是轻体墙，厚度不小于 **25 cm**，且墙的另一面也是自己家，才可以挖洞做壁龛。

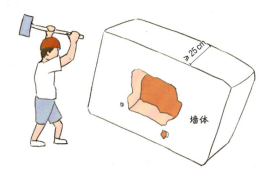

墙体

2. 砌墙做壁龛

卫生间下水管道通常在淋浴区，砌墙包管道时，一般只砌筑管道部分。想做壁龛的话，就要多砌一段墙，用这部分墙体做壁龛。新砌墙体的厚度不小于 **15 cm**，才能做壁龛。

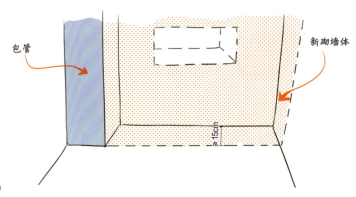

包管

新砌墙体

壁龛进深通常不小于 **15 cm**，为了避免积水，可以让层板向地面方向倾斜 **2 mm**，让水自然流出。壁龛可以做 **35 cm** 高的等分设计，1 L 的家庭装洗发水高约 30 cm，加上手按压动作的操作高度，35 cm 高就足够了。

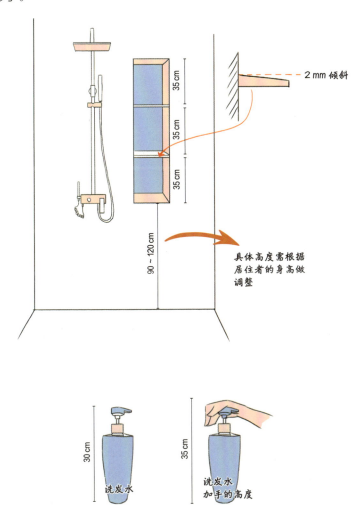

2 mm 倾斜

35 cm

35 cm

35 cm

90 ~ 120 cm

具体高度需根据居住者的身高做调整

30 cm

洗发水

35 cm

洗发水加手的高度

有回家就冲澡习惯的业主，可以在淋浴区做一个低矮的壁龛。壁龛内部高度为 80 cm，进深为 25 cm，可以放脏衣篓，也可以放儿童折叠洗澡盆。

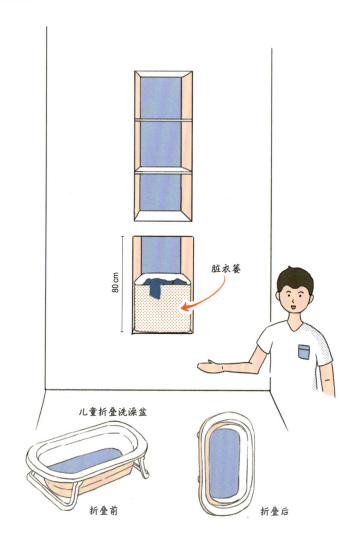

脏衣篓

儿童折叠洗澡盆

折叠前

折叠后

6.2 洗衣机放在卫生间的绝佳设计

洗衣机柜设计尺寸

将洗衣机放在卫生间，符合大多数人下班回家把脏衣服扔进洗衣机，直接去洗澡的动线，但把洗衣机放在卫生间时应注意两点：**一是要放在干区**，确保洗衣机的使用寿命；**二是最好靠近台盆**，方便安装下水管。

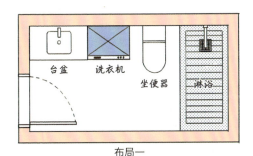

布局一

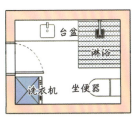

布局三

布局二

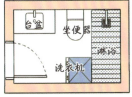

布局四

如果觉得洗衣机单独放不美观，可以定制洗衣机柜，把洗衣机隐藏起来。应注意洗衣柜的尺寸，比如 10 kg 的滚筒洗衣机，长 60 cm，宽 60 cm，高 85 cm，建议洗衣机柜的长度为 63 cm，宽约 65 cm，高约 90 cm。常见的洗衣机柜有两种设计方法。

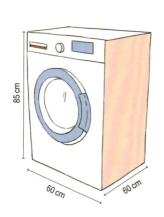
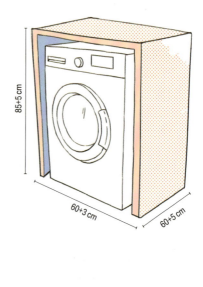

1. 洗衣机柜和浴室柜一体

（1）齐平式设计

洗衣机柜与洗手台齐平，整体高度要做到 **90 cm**，进深 **65 cm**。洗衣机的插座设置在侧边的浴室柜中，距地 **50 cm** 高，避免产生水汽。需要安装三通下水管，洗衣机和台盆共用。

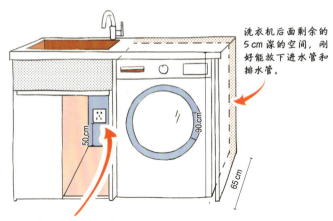

洗衣机后面剩余的5 cm深的空间，刚好能放下进水管和排水管。

洗衣机的插座设置在侧边浴室柜中，距地50 cm高。

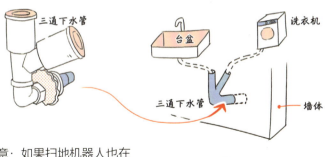

三通下水管

三通下水管

台盆

洗衣机

墙体

注意：如果扫地机器人也在浴室柜下方，下水管要装四通的。

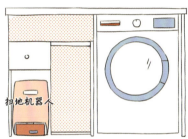

扫地机器人

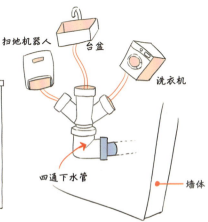

扫地机器人

台盆

洗衣机

四通下水管

墙体

如果使用者身高低于 170 cm，那么不要在齐平式的基础上做台上盆设计，否则需要踮着脚洗脸。

洗衣机和烘干机并排摆放时，要求一体柜长度不小于 **165 cm**。

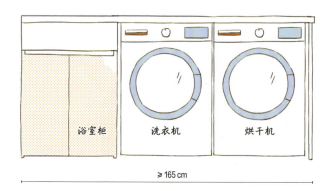

（2）抬高式设计

将洗衣机柜抬高 **7 cm**，台盆区为低区。抬高式设计要求一体柜长度不小于 **95 cm**。

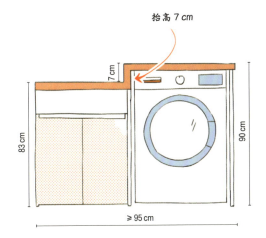

台盆区可以做台上盆或台下盆，但身高低于 160 cm 的业主，不建议做台上盆。

2.洗衣机柜单独设计

洗衣机和烘干机叠放时，洗衣机柜要单独设置。预留洞口尺寸为：长度 **63 cm**，进深 **65 cm**，高度 **175 cm**。

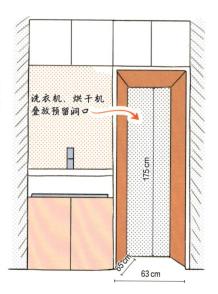

洗衣机、烘干机叠放预留洞口

175 cm

65 cm

63 cm

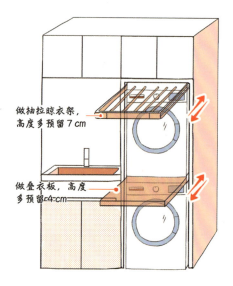

做抽拉晾衣架，高度多预留 7 cm

做叠衣板，高度多预留 4 cm

如果计划做叠衣板，那么洞口高度要多预留 **4 cm**；如果做抽拉晾衣架，则高度要多预留 **7 cm**。

空间足够的话，可以做一个进深为 10 cm 的侧边柜，放洗漱用品。

次净衣应该放在哪里

秋冬季节穿了一次的外套，没必要立即清洗，放进衣柜里又觉得不干净，那就做个次净衣周转区吧。

1. 入户玄关随手挂

在玄关柜旁做开放式挂衣区，衣服随手挂。如果担心衣服多，显凌乱，可以装上柜门遮丑。

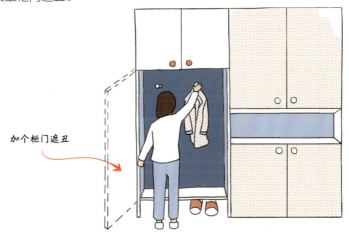

加个柜门遮丑

如果玄关处只有一面大白墙，可以装上洞洞板，打造次净衣收纳区。

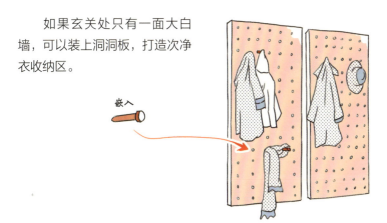

嵌入

2.向室内走廊"借"空间

在不影响隔壁空间的基础上，可以将走廊部分区域拓宽 35 cm，作为次净衣收纳区。

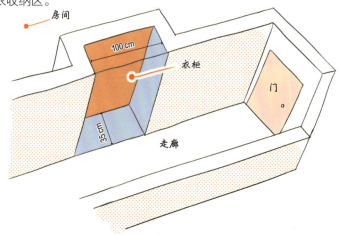

房间

100 cm

衣柜

门

35 cm

走廊

3.衣柜侧边敞开挂

在衣柜侧边做开放式次净衣区，上方储物柜取消顶封板设计，既能收纳物品，又能避开空调回风口。

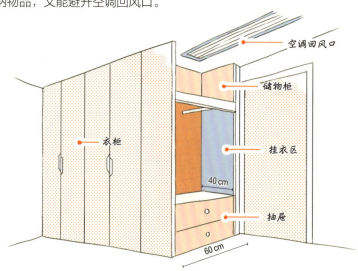

空调回风口

储物柜

衣柜

挂衣区

40 cm

抽屉

60 cm

4.卫生间干区

如果卫生间干区的空间比较大，则可以在洗漱区和洗烘区中间规划一个次净衣区，**30 cm** 宽即可。中间挂衣，上方囤放物品，下方放脏衣篮和洗衣用品。

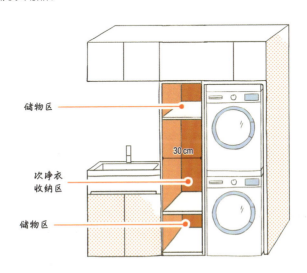

储物区

30 cm

次净衣
收纳区

储物区

5.花样衣架随处挂

可以在门后放置简约衣架，既不影响门的正常开关，还能节省空间，也可以选择可折叠壁挂衣架。

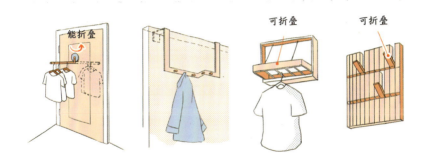

能折叠

可折叠

可折叠

6.3 卫生间的插座设计

　　插座数量足够且位置合适是打造好用卫生间的重要细节之一。卫生间内用插座的电器有洗衣机、烘干机、吹风机、剃须刀、电动牙刷、热水器、电热毛巾架、智能坐便器等。

　　洗衣机和烘干机叠放设计，插座高度为 **130 cm**，应略高于出水口。

　　在镜柜内预留 2 个插座，可以为电动牙刷、剃须刀充电，距地高度为 **130 cm**。

　　吹风机放在镜柜外插电使用，其插座外最好加个防水盒，距洗手台台面高度为 **30 cm**。

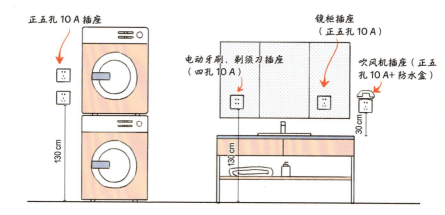

电热水器选用三孔 16 A 插座，距地高度为 **180 cm**。如果选择了燃气热水器，最好将其安置在厨房，更安全。

智能坐便器插座要距地 **40 cm**，并配置防溅盒。如果是普通坐便器，也建议预留插座，方便后期更换智能坐便器。

电热毛巾架与坐便器之间要预留至少 **50 cm** 的距离，更干净卫生。电热毛巾架插座距地 **150 cm** 高，最好配置防溅盒。

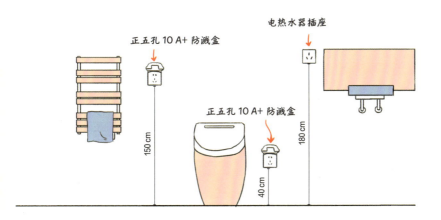

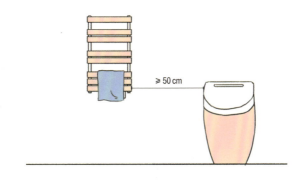

如果以上提到的电器不放在卫生间，则可以减去相应的插座。

扫地机器人的安装位置和尺寸

◎**安装位置**

　　扫地机器人需安装在有上下水的地方，比如卫生间、阳台，适合装修完已入住的家庭。

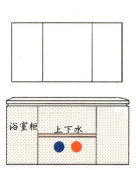

　　也可以放在玄关处，适合正在装修或待装修的家庭。玄关处没有上下水，需要提前预留。

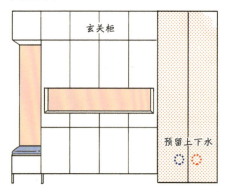

◎**安装空间**

　　柜体的高度不小于 65 cm，宽度不小于 55 cm。全自动扫地机器人平时也需要定期手动清洁滤网和添加清洁剂。另外，扫地机器人更新换代快，尺寸也会稍有变化，所以建议预留的空间可以大一些。

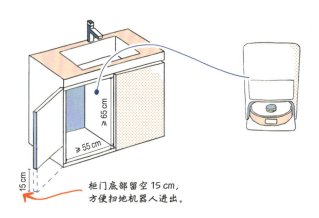

柜门底部留空 15 cm，
方便扫地机器人进出。

◎**排水设计**

　　如果做地排水，那么排水口应尽量靠墙边或靠角落设置，机器不能压在排水口上。

　　如果做墙排水，那么扫地机器人排污口的高度要比墙排下水口高，否则管道内容易积水，甚至倒流。一般墙排下水口不高于 50 cm。

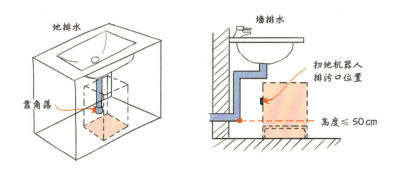

7

1 m² 阳台区，
轻松搞定家务

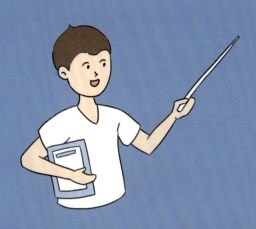

7.1 阳台柜设计尺寸

　　洗衣机和烘干机的标准尺寸是宽 60 cm、高 85 cm、进深 60 cm，其实际深度可能大于 60 cm，但阳台柜深度预留 **60 cm** 即可。注意：应在柜体两侧预留一定的安装空隙和叠放连接架的位置。

100 cm 宽的阳台柜

　　洗衣机、烘干机采用嵌入式设计，与柜子融合在一起，不占地面空间，收纳能力超强。

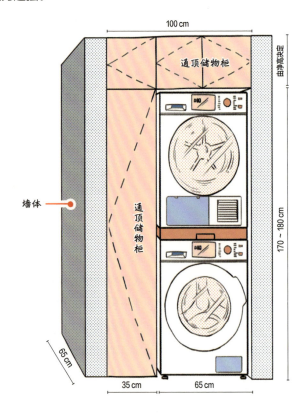

　　如果将水电管线放在洗衣机旁边的柜子里，那么柜体进深做到 **60 cm** 即可。如果将水电管线留在机器后面，进深就要多预留 5 cm，做到 **65 cm**。

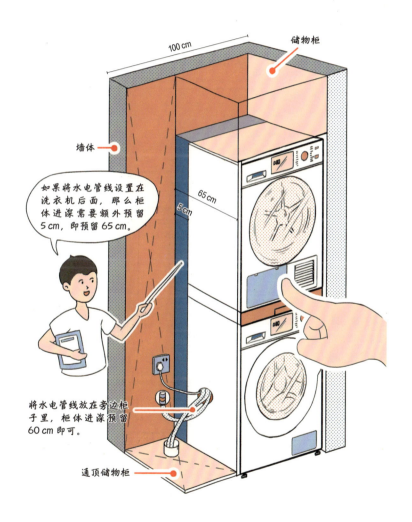

储物柜

100 cm

墙体

如果将水电管线设置在洗衣机后面，那么柜体进深需要额外预留 5 cm，即预留 65 cm。

65 cm

5 cm

将水电管线放在旁边柜子里，柜体进深预留 60 cm 即可。

通顶储物柜

120 cm 宽的阳台柜

120 cm 宽阳台柜有两种布局方式：一种是在洗衣机旁做通顶储物柜，另一种是在洗衣机柜旁边做个小水槽。

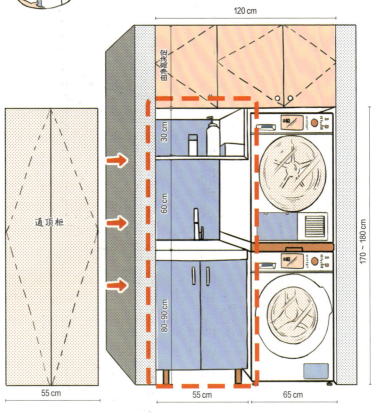

方式一

方式二

130 cm 宽的阳台柜

当阳台宽度达到 130 cm 时，除了能放置一个小台盆，还能挤出一个至少 25 cm 宽的窄柜，用来收纳吸尘器等清洁工具，或洗衣用品。

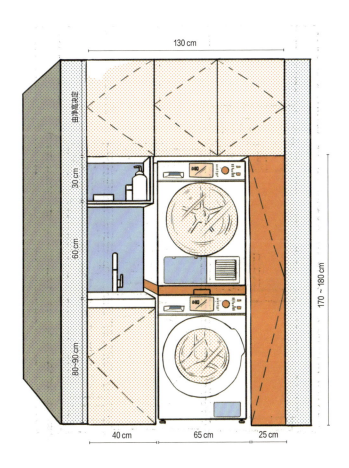

150 cm 宽的阳台柜

洗衣机、烘干机叠放设计可以充分利用立面空间，叠放设计的阳台柜比两者并排放的储物空间更大。

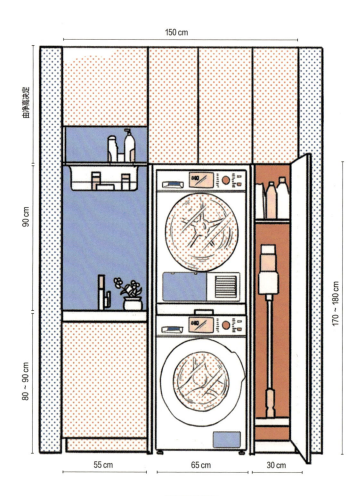

叠放

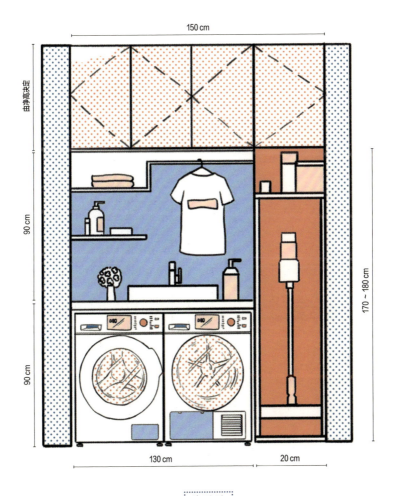

并排放

7.2 做好这两点，
让家务区隐身

将洗衣区隐藏起来

1. 将洗衣机、烘干机安置在阳台

与家政工具一起放在阳台柜中，并用柜门或布帘进行遮挡，隐藏家务区的同时，还能为机器遮阳。

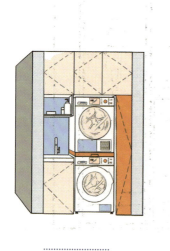

隐藏之前

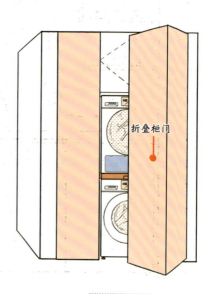
折叠柜门

隐藏之后

2. 将洗衣机、烘干机放在玄关

洗衣区可以设置在玄关。但通常玄关处没有水路，记得在水电改造时提前预留插座和上下水位。

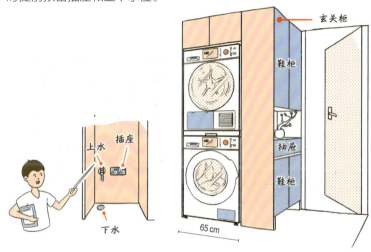

3. 将洗衣机、烘干机放在衣帽间

也有将洗衣区放在衣帽间的，优点是可以将换下来的脏衣服扔进洗衣机，洗净烘干后直接挂好，动线流畅。

将晾晒区隐藏起来

1. 将晾衣架装在阳台侧面

从客厅看，阳台干净爽利。如果希望隐藏效果更好，还可以加装布帘。

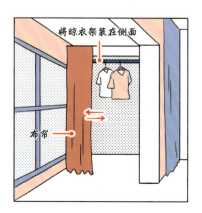

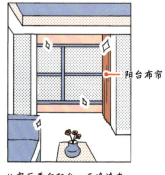

将晾衣架装在侧面

布帘

阳台布帘

从客厅看向阳台，干净清爽

2. 在飘窗旁晾晒衣物

卧室有飘窗的话，可以在飘窗旁晾衣服。安装伸缩晾衣绳，不用时可以收起来；如果想晾厚重衣物，则可以安装免打孔晾衣杆。

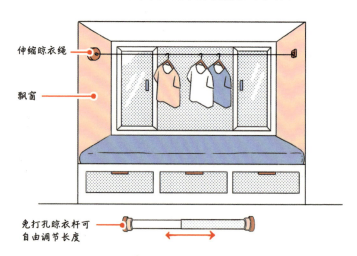

伸缩晾衣绳

飘窗

免打孔晾衣杆可
自由调节长度

专栏

阳台防水层的涂刷高度

无论是封闭式阳台还是开放式阳台，都应做防水处理。防水建议至少涂刷两遍，并做闭水试验，以免入住后因漏水影响邻里关系。

一般情况下，阳台四周墙体防水层的涂刷高度应为 30 cm。放置洗衣机的墙面，涂刷高度应为 100 cm；洗衣机、烘干机叠放的话，则建议防水层至少高 180 cm。

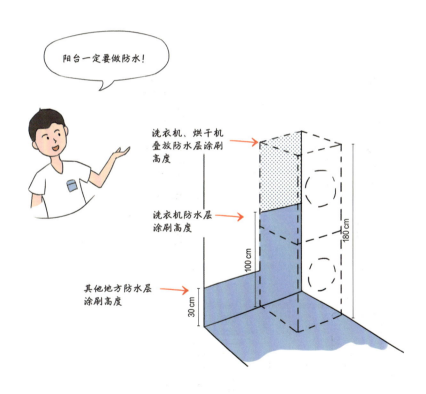

附录
图解全屋净水系统

全屋净水 + 热水循环（平层"大循环"系统）

"大循环"系统的每一个用水点位都有一根回水管。

优点：零冷水，热水可以即开即用。

缺点：耗费更多回水管，增加墙面开槽面积和人工费。

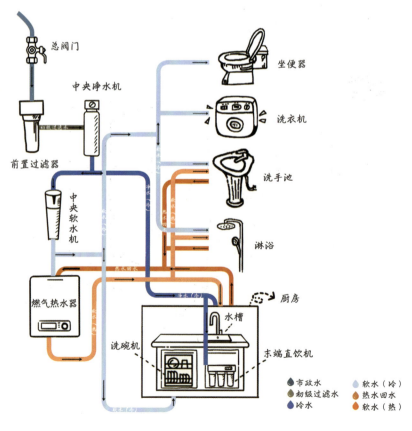

总阀门

中央净水机

前置过滤器

中央软水机

燃气热水器

洗碗机

坐便器

洗衣机

洗手池

淋浴

厨房

水槽

末端直饮机

- ● 市政水
- ● 初级过滤水
- ● 冷水
- ● 软水（冷）
- ● 热水回水
- ● 软水（热）

全屋净水 + 热水循环（平层"小循环"系统）

优点： 减少水管的使用数量，墙面开槽面积小，可以省去一部分人工费。

缺点： 使用热水时需要等待两三秒，先等热水管内的冷水流净。

"大循环"系统和"小循环"系统最大的区别在于等待热水的时间。如果对这方面要求不高，则建议选择"小循环"系统，整体费用低，但更费水。

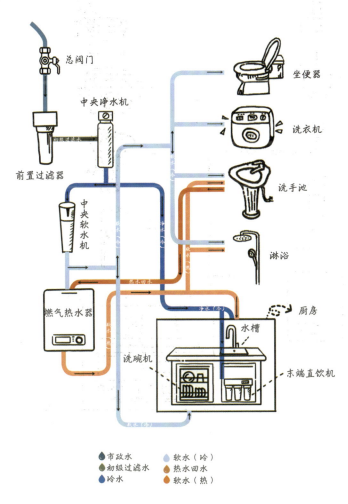

前置过滤器 + 中央软水机 + 末端直饮机

优点：可省去安装中央净水机的费用。

缺点：末端直饮机的滤芯更换频率高。

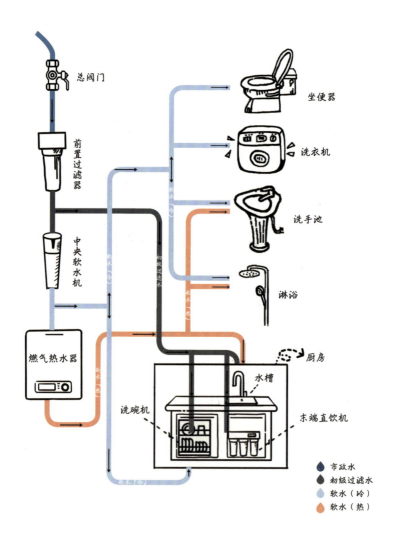

总阀门

前置过滤器

中央软水机

燃气热水器

坐便器

洗衣机

洗手池

淋浴

厨房

水槽

洗碗机

末端直饮机

● 市政水
● 初级过滤水
● 软水（冷）
● 软水（热）

末端直饮机

只选用末端直饮机，是最省钱的净水系统安装方式。

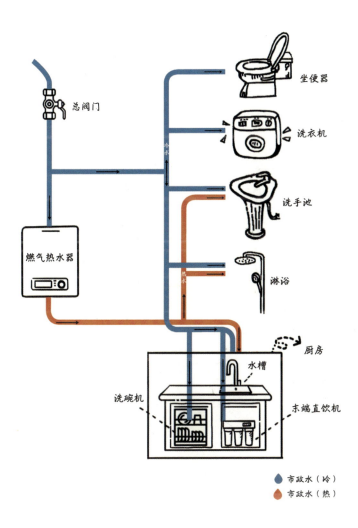

总阀门

坐便器

洗衣机

洗手池

淋浴

燃气热水器

厨房

水槽

洗碗机

末端直饮机

● 市政水（冷）
● 市政水（热）